種子法廃止と北海道の食と農

地域で支え合う農業――CSAの可能性

荒谷明子　伊達寛記　ミリケン恵子　田中義則
安川誠二　久田徳二　富塚とも子　天笠啓祐
エップ・レイモンド　ヘレナ・ノーバーグ=ホッジ

寿郎社

目次

はじめに

稲、麦類、大豆といった私たち日本人の基本的な食料の良質な種子の生産と普及を都道府県に義務付けていた主要農作物種子法が、二〇一八年三月三一日で廃止されることになりました。北海道では、この基本的な食料の種子の生産と普及を道農政部と道総研農業試験場が中心的に担い、農業生産者団体であるホクレンや各地の種子生産組合と農協（ＪＡ）が連携して行ってきました。

その生産過程は、一般農家が栽培する作物と違って、病気がなく発芽率が高いなどの非常に厳しい審査基準を設けており、種子生産に関わる行政と生産者がとても大きな労力と手間をかけて健康な種子を一般農家に届けてきていたのです。

主要農作物の種子は私たち国民、道民の共有財産であり食料安全保障の要です。ですから国が予算をつけて都道府県に生産と普及を義務付けていたのです。種子法廃止は地方自治体が実務を担ってきた種子の生産過程を、民間企業に委ねていこうというものです。

国はそのために都道府県が持っていた種苗の知見などを民間企業に提供していくための法律も、種子法廃止と同時に新たにつくりました。それは、国民の共有財産である主要農作物の種子を、民間企業の知的財産へと移していくことを意味します。

種子法廃止は、私たちの暮らしに「ただちに影響はない」かもしれません。しかし民間企業に主要農作物の種子生産を委ねることで今後、民間が新たに開発したハイブリッド米、遺伝子組み換えやゲノム編集など先端技術を駆使した米が登場するなど、五年、一〇年、二〇年と時を経るごとに、北海道の食と農の風景が大きく変わっていくのではないかと危惧しています。

ですから種子法が廃止される二〇一八年三月は、北海道の食と農を考える上で大きな分岐点になると考えます。もちろん、新しい育種技術を全面的に否定するわけではありませんが、種子法廃止に伴う種子生産の環境の変化は、私たちだけでなくこれからの北海道の将来を担っていく人たちの命と健康に関わる問題なのです。

この本では、その種子法廃止によって何がどう変わろうとしているのか、また廃止を受けて私たちはどう行動していけばよいのかを、大きなテーマとして編集しました。第1部では、自家採種をするなど種を大切にする三人の農家に生産現場から種子法廃止をどうとらえているのかを語ってもらいました。

第2部と第3部では、種子法が果たしてきたこれまでの役割と廃止に至る経緯、また外国籍企業が進める種子支配の中での廃止の意味などをまとめました。さらに遺伝子組み換えやゲノム編集といった先端の育種技術と種子法廃止との関わりも専門家に指摘してもらいました。

第4部では、これからの北海道の食と農をどう考えていけばよいのかを、「地域で支え合う農業」であるCSA(コミュニティー・サポーテッド・アグリカルチャー)を一つのモデルケースとして提案してもらいました。第1部で登場する三人の農家の方も道内では先駆的にCSAに取り組んでいます。

種子法廃止を主たるテーマにしていますが、この本が改めて私たちの命を育む種子、そして地球上に存在するあらゆる遺伝資源について考え直すきっかけになればと思っています。

第1部

種を継ぐ人々

1

いのちは誰のもの？——種子法廃止が与える農家への影響

メノビレッジ長沼
荒谷明子

いのちを守ってきた種子法

米や小麦を育てる農家でありながら、種子《たね》が誰によってどうやって作られ、私たちが手にすることができてきたのか、今までしっかりと知ろうとしたことがありませんでした。全くの不勉強ながら、種子の入手にも品質にもこれまで一度も不安を感じることもなく手に入れることができていたために、いわば当たり前すぎてその恩恵に気づいていなかったのです。

例えば、私たちの暮らす北海道で売られている米や小麦の種子は、寒さに強い品種や、雪のために春が遅い土地でもよく育つ品種として土地に合うように改良されたものばかりです。「今年の種子はハズレだったね」なんて思ったこともないくらい、毎年間違いのない品質のものだったし、価格も一定だから、「安い今のうちに買っておこう」などと、市場価格の変動をにらみながら買う必要ももちろんありませんでした。

こんなふうに優良な種子を当たり前のように手にすることができていたのは、実は種子法のおかげだったのです。皮肉にも、種子法が廃止されることが決まってしまった今になってその大切な役割を知りました。そして、種子法の廃止が意味することの深刻さにも。

種子法は、正式には主要農作物種子法といい、今から六五年前の一九五二年（昭和二七年）に作られました。

戦時中や戦後の食糧難の時に、人々の空腹を緊急に満たさなければならない状況が続き、種子として残すべき分も食用に提供されていったために、種子の不足と品質の低下がおこりました。

優良な種子が十分確保できなければ、良いものは育たず、豊かな収穫を迎えることはできません。国民のいのちを守るために、国が責任を持って種子を確保し、農家に普及しなければならないという精神で作られたのが種子法です。国と都道府県が、それぞれの地域に適した品種を研究・開発し、優良で安価な種子を農家に普及することが義務として定められています。

北海道ならば、上川農業試験場の米「ゆめぴりか」、北海道農業研究センターの小麦「ゆめちから」、十勝農業試験場の大豆「ユキホマレ」など素晴らしい品種がありますが、いずれも交配から新品種となるまでに約一〇年もかけて研究職員・行政職員・普及職員・生産団体・農家が関わる公共の取り組みから生み出されてきた品種です。また愛知県の幻の米とも称される「ミネアサヒ」のように、中山間地域に向く食味の良い品種として、ごく一部の地域からの需要しかないにもかかわらず、種子法のおかげで守られてきたものもいくつもあります。

種子を守るということは、国の農業を守ることであり、国土を守ることであり、それによって国民のいのちを守っていくことだ、という思いをあらわしたのが種子法だったのです。

種子が戦略物資?

ではなぜこの大切な法律を、政府は衆参両議院合わせてたった一二時間の審議だけで廃止すると決定してしまったのでしょうか。

種子法を廃止してほしいという要望は突然、規制改革推進会議から二〇一六年一〇月六日の会合において初めて次のように提示されました。

「戦略物資である種子・種苗については、国は国家戦略・知的戦略として、民間活力を最大限に活用した開発・供給体制を構築する。そうした体制整備に資するため、地方公共団体中心のシステムで民間の品種開発意欲を阻害している主要農作物種子法は廃止する」

理解できるまでなんども読み直しました。種子は戦略物資？　種子を制するものは世界を制するといわれているけど同じ意味かな？　それなら公共事業として種子を守ってきたこともうなずける。だけど、国家戦略として民間による開発・供給体制を構築する？？　民間活力を最大限に活用？？？　なんだか前の文章とつながらないけれど、国家戦略といいつつ、なぜ民間に任せちゃうのだろう？

種子法廃止が決定された一カ月後に成立した「農業競争力強化支援法」の条文を見て、その意味がようやくわかってきました。第一章第八条には「種子その他の種苗について、民間事業者が行う種苗の生産及び供給を促進するとともに、独立行政法人の試験研究機関及び都道府県が有する種苗の生産に関する知見の民間事業者への提供を促進する」と書いてあります。

今度はもう少しわかりやすいですね。国は公的研究機関の育成した品種も育種技術などの知財も民間会社へどんどん提供していきますよ、ということ。「公共財の叩き売り」と、するどい表現をする人もいます。

そう、これまで種子法のもとで種子は、私たちの税金を有効活用しながら、国と都道府県による研究と開発と普及の蓄積によって作られてきた「公共の財産」でした。その同じ種子が、種子法が廃止されるこれからは、民間の企業によって経済を活性化するための「戦略物資」となってしまいます。この変化の意味することは、国は、国民のいのちを守り、国内農業を守り、国土を守る穀物の種子を守る責任を手放し、海外からの参入を含む民間企業に、そして市場の動向にそれらをゆだねることを決定したということだと思います。

企業に種子をゆだねる怖さ

企業に種子をゆだねる怖さをいくつか感じています。

ひとつには、種子の価格が値上がりしたり変動したりするのではないか。次に、少数の需要しかないような儲からない品種を提供し続けることができるのかどうか。さらには、自社の製品である農薬とセットで栽培するような品種を開発する傾向が強まらないかどうか。

最後に、特許の問題です。アメリカではすでに一九八〇年代から民間企業による種子事業が盛んになりました。特に、石油を分解する微生物に特許が認められた出来事は、いのちあるものに特許をつけることが可能となった前例となり、ちょうど開発が進んでいた遺伝子組み換え作物にも適用され、企業の利益と権利を守る仕組みが確立されました。

そして今や、遺伝子組み換え作物に限らず、企業が開発した種苗に、どんどん特許がつけられています。さらに特定の品種ばかりか、例えばサニーレタスの赤みをつける遺伝子やブロッコリーの耐熱性のような、もともとの特性ではないかと思われるようなものにも特許がつけられています。

日本も同じ道をたどろうとしています。今はまだ「コシヒカリ」に特許をつけるなんてありえないことでしょう？　でもそんなことも、ただちょっと今までのコシヒカリに何か特別な特徴を上乗せしただけで、その全てが開発者の権利となってしまうのだそうです。後から来た者が、先人たちの投資と努力の結晶をドロボウするようなことが許されてしまう。

他人が特許をもっているものを許可なく生産することは犯罪とされますから、たとえ風や虫が運んできて気付かないうちに交配されたとしても、特許のある遺伝子を持つ種子を実らせたなら、その種子をまいて育てると逮捕されてしまうのです。

「自分で種子を採る」。そんなあたり前の古来からの人間の営みとも言える行為が法律で許されない事態、これが一番怖いことだと思います。

自家採種にも難しさがある

そもそも今の日本の農業政策のもとで、主要農作物を自家採種しながら育てることは、すなわち補助金の対象から外れてしまうことを意味します。私たちも「音更大袖」という青大豆を自家採種しながら毎年植えていましたが、五年前に作付けを断念しました。まず、種子を買ったという領収書がないと補助金の額が激減します。そして三代、四代、五代と種子継ぎをしていくと元々の特徴を失っていくため、銘柄から外され、その他品種としてしか流通できなくなります。主要銘柄とその他品種の補助金の額には大きな差があり、さらに受け取れる額が減るのです。

それから技術面や設備の面でも難しさがあります。野菜などと違い、穀物は土地面積当たりたくさんの量の種子が必要です。湿度と温度を管理しながら、翌年のための種子を保管するのも簡単ではありません。

近所で協力して、今年は誰々さんがみんなの種子を採りましょう、という仕組みを想像してみました。一年間、もしくは将来にわたる自分の農業をその人にゆだねられるか？　かなり深い信頼関係がなければ無理なことだと思いました。

いのちは誰のもの？　この問いに向き合う

二〇一七年七月三日、参議院議員会館で種子法廃止について考える集会が開かれ、私たちも急きょ参加させていただきました。会場は人が溢れるほどで、約三五〇人が参加し「日本の種子《たね》を守る会」(http://tane.life/)

が設立されました。種子を未来の世代に手渡していけるために、「学習会を開いて仲間を増やそう！」「地方議会、知事に意見を出して都道府県を動かそう！」「公共品種を守る法律を議員立法で作ろう！」と呼びかけています。

農家の私はいま、嵐がすぐそばまで迫ってきているような、そして思っていたより早く飲みこまれてしまいそうな気持ちでいます。「日本の種子を守る会」の呼びかけにも賛同するし、一緒に歩んでいこうと決意しているけれど、正直なところ、はたして間に合うのだろうか？　効果的な変化をもたらせるのだろうか？と膨らむ疑問を打ち消せない思いもあります。

たとえ嵐に飲まれても失いたくないものはなんだろうか？　守りたいものはなんだろうか？

もうそこまで覚悟しなければならないところまで事態は進んでしまっているように感じます。

「いのちは誰のもの？」「何が種子を育てるの？」その問いに向き合う時、暗雲からひとすじの光が差し込んでくるような気がします。

小さな種子の弱さと力強さの背後にあるものを畏れ敬いながら、足の下の大地に感謝し、慈しみをもって手入れをし、大切な人たちの食べるものを育てていくことをやっぱり私は続けていきたい。そして種子と物語を継ぎ、分かち合いながらつながる世界の輪の一部となりたいと思います。

荒谷明子（あらたに・あきこ）
一九六九年札幌生まれ。帯広畜産大学卒。エップ・レイモンドさんと九五年、長沼町でメノビレッジをスタート。現在、一八ヘクタールで米、小麦、大豆、ナタネ、ジャガイモの他、卵用鶏を育てる。二人は日本でのＣＳＡ（地域で支える農業）の先駆的存在で、地域で循環するローカルな農業を提唱し、実践する。

2　種がつなぐ、人と地域と自然と

ファーム伊達家
伊達寛記

在来種の種にこだわる自然栽培

ファーム伊達家では、すべての野菜を肥料（化学・有機）も農薬も畑に投入しない「自然栽培」で育てています。ですから種も肥料や農薬を使わずに育てられた、一代限りの交配種の「F1種」でない在来種（固有種）だけを使って栽培する必要があるのです。種から芽、芽から花、花から実、実からまた種へという循環の中で受け継がれてきた種が自然栽培には最も適しています。

市販されている種は、肥料や農薬の影響を受けて育って採られたものがほとんどで、中には種子消毒といって種に農薬をまぶしてあるものもあります。ファーム伊達家では約四〇種類の野菜・豆類を育てていますが、そのうちの約六割の野菜で、自分の畑で種を採る「自家採種」をしています。種はその土地になじむまで八年ほどかかると言われています。種採りを繰り返していくことで、その畑の毎年変わる気候や風土を種が読み込み、その畑で力を発揮できるように種が適応していくとも言われています。自家採種をしていない野菜でも、古くから作られている在来種を取り寄せて使っています。

自家採種している中で、たとえば「さやえんどう」は「フランス大さやえんどう」という固定種を栽培しています。通常見かける絹サヤよりも大きいです。公務員を辞めて「メノビレッジ長沼」で研修生として働き始めた二〇〇三年に種を買い、それ以来、長沼で二年、今の畑で一二年間、毎年種採りを繰り返してきました。

今年（二〇一七年）は二四メートルの畝に五列植えました。五列とも生育が良かったので、午前五時からの収穫には一時間ほどかかりました。サヤエンドウは一般的に連作を嫌う作物といわれていますが、ここの畑では五列のうち二列は一〇年ぐらい、ほかの三列も五〜七年は連作しています。

連作することで土になじむ作物たち

慣行農法の一般農家は同じ畑で同じ作物を続けて栽培することはしません。連作しないで何種類かの作物を年ごとに順番に回して輪作していきます。でも自然栽培はできるだけ同じ作物を同じ場所で作っていくのです。そうすることで土と作物との関係がだんだんできていくのです。先ほど紹介したサヤエンドウですが、一回栽培したら、その場所は七〜八年は空けなければならない連作障害が起きやすい典型的な作物なのです。でも伊達家のサヤエンドウは毎年同じ畝に植えて、種を採って、毎年同じ場所に植えています。そうしてそこの土は「サヤエンドウの畑」になっていくのです。

自然栽培では基本的には連作することが奨励されています。肥料と農薬を使わないこと、種を採ること、連作すること、いずれも自然栽培に取り組む重要な要素ですが、いずれも一般的な農産物の栽培方法から見ると非常識なことです。

しかし一五年はサヤエンドウの成育が良くなく、収穫量が大きく落ち込みました。ずっと何年も連作してきたので、なぜだろうと思い、自然栽培に詳しい方に聞いてみたところ、「豆は土をつくってくれる作物だから、土が良くなって、その場所での役割を終えたんだよ。他の場所に移して、そこでまた土づくりをしたらいいよ」と助言されました。自然栽培イコール連作という固定観念でしか考えられなかった私にとって、「土をつくっていく上での作物の役割」という別の角度から、自然栽培を実践していくことを改めて考えさせられました。

このように自然栽培は、実はなぜこの非常識な方法で作物ができるのか、科学的な解明はまだされていません。そのあたりの解明は科学者にお任せするとして、僕は農家、実践者として自然栽培に取り組んで、結果を見ていただけるようにしていきたいと考えてきました。まだまだ非常識で不思議な？　自然栽培ですが、それを極めていきたいと思っています。

札幌市内限定の会員制宅配

伊達家の畑は、定山渓温泉に近い山あいの自然豊かな札幌市南区豊滝にあります。札幌の水源である札幌岳のふもとなので、清流にも恵まれた場所です。二〇〇五年にそれまでの公務員を辞めて、約五〇アールの畑を借りて新規就農しました。野菜はすべて契約した札幌市内の会員に六月から一一月までの毎週一回、私と妻の愛子が「ファーム伊達家・旬の野菜セット」として配達しています。〇五年のスタート時には三四軒だった会員は、今は七〇軒前後まで増えました。経営形態はアメリカで生まれたＣＳＡ（コミュニティー・サポーテッド・アグリカルチャー＝地域で支える農業）と呼ばれる産直システムに近い形を取っています。

ＣＳＡとは会員を農場から直接届けられる範囲に住む消費者に限定し、会員は野菜の豊作・不作に関わらず、定められた年会費や野菜代金を前払いするというシステム（農家にとっては豊作不作に関わらず一定の収入が確保できるシステム）により、同じ地域に住む生産者と消費者が農産物という「恵み」と、不作による減収という「リスク」を共有し合います。農場経営を会員みんなで支えることで、農地を守り、地域の環境を守り、コミュニティーを守っていくことにつながっていきます。

一言でいえば、作る人と食べる人が互いに支え合う農業がＣＳＡなのです。食べる人の食生活を支える意識で野菜をつくり、食べる人は農場を支える気持ちで食べる。そういう「作り支え」と「食べ支え」の意識を、ファーム伊達家では育みたいと思っています。

一つひとつの野菜に心を込めて栽培しているので農場は小さいです。でも肥料や農薬を投入せずに、土の本来の力が発揮されるような環境を整えてきました。そんな環境で育った、少量ではありますが四〇種という多品目の旬の地場の野菜を、直接会員にお届けするにはできるだけ食べる人の近くでつくるということもとても大切なことになってきます。

伊達家で目指しているのは、「できるだけ小さな家族農業」です。大切に野菜を育て、まずは自分たちが食べて楽しみ、さらに私たちの野菜を大切に食べてくれている会員に直接届けていきたい。またいつでも気軽に農場に遊びに来て、畑に入って汗を流してもらい、自分たちがかかわった野菜を食べることで「農と食」「畑と食卓」のつながりを実感できる、そんな農場に育てていきたいのです。私たちの農場が、人と人、家族と家族のつながりを生み出す場所になればいいな、と願っています。

公務員を辞めて農業研修生に

僕の出身は栗山町で母の実家は農家でした。地元の高校から北海道大学法学部を出た後、総務省に入り、公務員として札幌と旭川で勤務しました。まだ長男が生まれる前ですが、旭川勤務時代に旭川市民農業大学に妻と二人で参加したのです。

そこで出会った農業大学の講師役の農家が四〇代の中堅クラスで、皆さんが自分の哲学を持って大地に根を張った生き方をして、それがまた誇らしげでした。その頃僕らは二〇代後半で、自分が一〇年後にどういう生き方をしているか考えた時、農業も選択肢の一つだと思ったのです。

旭川の農家がやっていたのが野菜を直接消費者に届ける仕組みで、まずはそれを消費者として体験できないかと考え、札幌転勤後にいろいろと探して見つけたのが長沼町にあるメノビレッジ長沼だったのです。アメリカ人のエップ・レイモンドさんと荒谷明子さんのご夫婦が中心となり米と野菜を有機栽培し、養鶏もしている農場です。

メノビレッジでは当時、道内ではほとんどなかったCSAを実践している農場でした。僕はそこの消費者として三年間会員になり、二〇〇三年の三四歳の時、一〇年務めた公務員を辞めてそこの研修生になったのです。その年に今ではファーム伊達家の特産にもなっているズッキーニの種を買いました。

メノビレッジ長沼の畑の一角をお借りして、種をまき、苗を育て、秋に初めて種採りをしました。以来、長沼で二年、豊滝で一二年、ズッキーニの種採りを繰り返してきました。

「ズッキーニの伊達さん」と呼ばれるように

今年(二〇一七年)のズッキーニは五月一六日に育苗用の小さなポットに種をまいてほぼ二〇日、苗を育てました。本葉が二枚になると畑に移植しますが、今年は六月七日に定植しました。黄色いかれんな花を咲かせた後に七月中旬から収穫が始まります。

ここでは一〇列ある畝のうち三列は、就農三年目からずっとズッキーニを作り続けています。味も年々よくなってきています。収量も上がるようになったので、会員以外にも昨年から「ズッキーニのギフトボックス」として道内外に送るようになりました。札幌市内の飲食店にも卸すようになり、会員さんからは「このズッキーニを食べたら他が食べられない」との声をいただくようになり、「ズッキーニの伊達さん」と呼ばれるようにもなりました。

種採り用のズッキーニの実は元気な株を選び、食べ頃になっても収穫しません。長さが六〇センチ、太さが一〇センチほどに育ったものを種採り用として一〇月に収穫します。実からスプーンなどを使って種を取り出し、ビニール袋で二〜三日軽く発酵させてから湧水で種を洗い、乾燥させて半年以上保存します。そして次の春にまた、その種を同じ畑にまくのです。

僕が研修中から種採りを始めたのは、いずれ自分が農家になり、自然栽培に取り組んでいく時のために、種が必要だと考えていたからです。先ほども言いましたが、自然栽培では種も肥料や農薬を使わずに育った作物から採れたものである必要があります。

その種はその土地の気候、風土を読み込み、その土地で育つものに変わっていくと言います。この二つの意味から自然栽培では自家採種が欠かせないのです。この条件を満たす種はどこにも売っていません。ないものは自分で作るしかないのです。だからファーム伊達家では、種を採り続けているのです。

この話をシステムエンジニアの知人に話したところ、「なるほど。自家採種を繰り返していくことによって、種がその畑に『最適化』していくのですね」と言っていました。

上へ上へと伸びようとするキュウリ

メノビレッジでの二年間の研修時代から種採りをしていますが、自家採種して栽培している作物たちをいくつか紹介しましょう。一般のキュウリよりもいぼいぼがはっきりしている「四葉《スーヨー》きゅうり」はメノビレッジ長沼で二年、豊滝で一二年、自家採種してきました。ズッキーニと同じ年数、自家採種してきましたが、それと比べると年によって生産量が安定していない感じがあります。

キュウリはつるが長く伸びていくので、支柱を立てたりネットを張ったりして、空に向かって伸びていくように栽培します。キュウリは主枝というメインのつるの他に、分枝という枝分かれしたつるが何本も伸びていきます。それらのつるをロープにしばる作業は、最初のうちは方向性を定めるために人の手でやる必要がありますが、ある程度の方向性が定まるとキュウリが自分でロープにひげを巻き上げて、上へ上へと伸びていきます。

その様子を見て分かったことがあります。それは「キュウリはどんどんとつるを伸ばしていきたいのだ」ということです。そして伸ばしたつるにたくさんの実をつけていきます。実をつけるのは種を残すためで、私たちは種ができる前の未熟な実を収穫して食べているというわけです。

キュウリが元気なつるを伸ばし立派な実をつけられるようにお世話をして、寄り添っていくことで、キュウリはよい子孫（種）を残し、その過程でおいしいキュウリを私たちにご馳走してくれるのではないか。最近はそんなふうに考えるようになりました。

採種をしないのであれば、その一年においしいキュウリをいかにして収穫するかということだけを探求すればよい（もちろんそれだけでも十分に奥の深い世界です）のですが、種を採り続けていくためには、少し違った視点、つまりはキュウリがよい種を結ぶためのお世話という視点で、キュウリを見つめていくことも必要なことに気づき始めました。

豊作と不作だったカボチャ畑

夏場にはズッキーニ、キュウリに続いてナスがたくさん採れるようになります。伊達家のナスは「真黒《しんくろ》ナス」という古くからの品種で、新規就農した二〇〇五年に種を買い、それから毎年種を採り続けてきました。

果肉がやわらかく、トロっとしており、焼きナスやてんぷらなどにすると食感と味が楽しめます。

八月も半ばになるとサヤインゲンも採れ始めます。伊達家では色と形の違いで「丸」「黒」「平」の三種類をつくっています。「丸」は研修中の二〇〇四年から種を採り続けています。「黒」と「平」は愛子の祖母が家庭菜園で採り始め、両親、そして私たちに受け継がれてきたもので、二〇一三年から豊滝の畑で自家採種しています。

九月に入ると、カボチャが届けられるようになります。「芳香青皮栗南瓜《ほうこうあおかわくりかぼちゃ》」という品種ですが、通称「東京かぼちゃ」と呼ばれています。ナスと同じく新規就農した二〇〇五年から種を採り続けています。

豊滝の畑で自家採種して一一年目、カボチャを新しく三枚の畑でつくりました。その三枚は少なくても二〇年以上も耕作放棄されていた田んぼです。前年にトラクターで耕してもらい、土を整えることを目的に春にえん麦や亜麻を植えました。秋に枯れた後に雪の下でひと冬越して、春に耕運機でえん麦と亜麻を畑にすき込み、そこにカボチャの苗を植えたのです。

夏には会員さんが草取りに来てくれて、畑をきれいにしてくれました。その後、つるが元気に伸びて畑一面に元気なカボチャの葉が広がり、一個二キロ前後の大きなカボチャがごろごろなる豊作となりました。一方、長年カボチャを作り続けてきた畑は、つるの伸びが今一つで、実が小さく個数も少ないという結果になりました。

このことからいろいろと学ばなければならないことがあります。三枚の耕作放棄されていた畑は、二〇年以上肥料を入れていない状況で久し振りに作物を作ったにもかかわらず豊作となったということは、このカボチャは人間が与えた肥料の力で育ったわけではないと言えます。

一方、不作だった長年カボチャを作り続けてきた畑は、スタート時点では豊作だった三枚の畑と同じように耕作放棄されていたところを畑として復活させたところです。ここ数年の傾向で言うと、収穫量が落ちている現実があります。

一般的に自然栽培では連作がよいとされていますが、連作を続けている畑が不作で、初めてかぼちゃをつくった畑は豊作だったという事実をどのように受け止めて、また次に取り組んでいけばいいのか。教科書はないので農閑期にじっくりと考えて、新たに取り組めば新しい学びが生まれてくるのだと思います。

そういう学びの機会を与えてくれたことを考えると、豊作だった畑にも不作だった畑にも感謝の気持ちで向き合っていくことが大切なのだと肝に銘じたいと思います。

会員も播種した前川金時

秋の収穫物にはダイコンもあります。伊達家のダイコンは「方領大根《ほうりょう》」という愛知県で古くから作られている在来種で、江戸時代には全国的に広まった品種だそうです。種屋さんから購入したものですが、もちろん肥料、農薬を使わずに育てています。会員に届けているダイコン菜はこの「方領大根」の葉っぱです。数年前にいつもお世話になっている種屋さんに大根菜として食べておいしい大根は何か聞いたところ勧められたのが、このダイコンでした。

以前は七月に収穫するダイコン菜として作っていましたが、ある年の八月上旬にまく秋ダイコンの「宮重《みやしげ》大根」の種が足りなくなったので、やむを得ず余っていた「方領大根」をまいたところ、癖がなくおいしかったので、この二、三年で秋ダイコンは「方領」に切り替えてきました。

「宮重」も愛知県の在来種で、こちらも江戸時代に全国的に有名になったそうです。じっくりと火に通すと甘みが引き出せるので「方領」との違いを楽しめます。どちらのダイコンもそうですが、一般的に在来種の野菜は成育のスピードに個体差があるので、大きくなったものから順次収穫していきます。配達する日の朝、大根の畑を回って収穫しているので、新鮮な葉付きのまま会員に届けることができるのです。

秋は豆が採れる季節でもあります。伊達家では大豆、黒豆、前川金時、虎豆、白花豆、赤花豆とさまざまな豆をつくっていて野菜セットとは別販売しています。そのうち「前川金時」は一番早く採れる豆です。前川金時と言えば二年前、会員の中の三家族が購入した前川金時を少しだけ食べないで残しておき、自分の家庭菜園に春に種としてまいて、それぞれから栽培の経緯や「収穫しましたよ」というお知らせもいただきました。つまり伊達家もこの三家族も昨年、伊達家の畑で採れた前川金時を種にして、収穫を迎えたことになります。豆は種です。こうして伊達家で自家採種を続けてきた豆（種）を育てて、そして収穫の喜びを共有できることは、種採りを続けてきた農家としてはとてもうれしいことです。またそれぞれの家庭が収穫した豆を種にして次の年以降も植え続けていけば、だんだんとその家庭の豆に変わってきます。

ちょっと遠大な話になりますが、人類の農耕の歴史の中で種はこのようにして人から人の手に渡り、畑で育てられ、また種を結び、代々受け継がれてきたのです。実際に自分で種をまいて育ててみる体験から、そのことの一端を感じてもらえたらさらにうれしいと思います。

交配種に駆逐された在来種

毎年種を採る作業は大変ではないかと聞かれますが、自然栽培では種採りは当たり前のことなので、大変だとは思っていません。家庭菜園でも種をまくのが面倒だと思う人はいないでしょう。それと同じです。もちろん作業に手間はかかりますが、僕らは種を採って種を清浄化して、ここの畑に合った種にしていきたいという思いがあるから、種を採るのは当たり前の作業なのです。むしろ、種採りは面白い作業だと思っています。

種には私たちがこだわっている在来種と、広く一般で栽培されている交配種の二種類があります。今の野菜の多くは一代限りの交配種です。特にカボチャ、キュウリ、タマネギ、ニンジン、トマト、ナス、トウモロコシ、ダイコン、キャベツ、ハクサイは交配種がほとんどです。

農家や流通業者にとって、交配種の方が効率はいいのです。交配種は同じ日にまけば同じ日数で同じ大きさに育つので、一斉に収穫し一度に出荷できます。今の大量生産、大量流通、大量消費という流れの中では、交配種は欠かせません。一度に全部収穫できれば、次の作物の種を一斉に畑にまけるので、農家にとっては作業の効率化につながりメリットがあります。

ところが在来種だと個体差があって、育つのに六〇日があれば七〇、八〇日のものもあります。そうすると育ったものから順次収穫していくので畑の利用効率は下がります。ですから戦後の食糧難から高度成長期にかけて交配種が一気に増えて、在来種が消えていったのです。

交配種は効率のよいさまざまな性質をもつ品種と品種を掛け合わせていきます。輸送中や店舗での日持ちが良いように皮が厚くなっていたり、果肉が固くなっていたり。収量がある品種と病害虫に強い品種を交配したものもあります。

雄性不稔を利用する交配種

交配種があることで、より広くより多くの人たちに野菜が行き渡っているのですから、交配種を否定するものではありません。交配種をなくしてしまえば、多くの野菜は食卓から消えてしまうのも事実です。

ただ交配種は花粉が出ない雄性不稔という技術を使っているのが気になります。植物には必ず雄しべと雌しべまたは雄花と雌花があって、雄しべの花粉が雌しべについて受粉し実がなり種が採れます。雄しべが退化し、花粉が出ず、雌しべだけが機能する株ができることがあります。突然変異なのですが、この雄性不稔の株を増やして、それに正常なものの花粉を掛け合わせて交配種をつくっているのです。

本来の野菜は雌雄両方の性質を受け継ぐのですが、雄性不稔の技術を使うとできた種はまた花粉が出ない雄性不稔になります。その種で作った野菜を僕らが日々食べ続けていったらどうなるのか。自然の摂理から言えば花が咲いたら雄しべと雌しべがあって、花粉が出て受粉して実を付ける――というのが原則ですから、そうでない作り方をしている作物はやはり不自然というか反自然というか。人間も自然の一部だと考えると、その雄性不稔の交配種でできた作物を食べる食生活を続けるとどうなるかという心配はあります。

花が小さくてたくさん付くものは基本的に雄性不稔を利用しています。さきほど挙げた野菜類ですが、一つの花に雄しべと雌しべの両方があったら、邪魔な雄しべは全部取り除かないとならないのですから、人力でするには限界があります。だから雄性不稔の技術を利用するわけですが、さらにもっと効率よく品種改良しようというのが、遺伝子組み換え技術です。本来の生き物に、まったく別の生き物の遺伝子を組み込むという発想自体、自然栽培とはまったく対極にある技術です。

太陽と月と地球の三つの力のバランス

そもそも作物は何の力で育つのでしょうか。自然栽培では太陽と水と土の力、この三つの力がバランス良く発揮されることによって、作物が健康に育つと考えます。水の力とは月の力です。月の引力は海水の満ち引きを引き起こしますし、新月に切った木は腐りにくいとも言われています。土の力とは地球そのものが持っている力です。太陽がなければ人間だけでなく地球上のすべての生き物が生きていけません。これら3

つの有形無形のエネルギーが一体となった力を「自然力」と呼びます。この自然力を最大限にいただいて作物を育てていこうというのが自然栽培なのです。

しかし残念ながら地球のエネルギーを遮ってしまっているのが、人間がこれまでに土に与え続けてきた肥料や農薬です。この肥料や農薬は、作物が吸ったり、雨水とともに流れ出たりする他、畑の地面から二〇～三〇センチのところに層になって溜まっていきます。その幅は場所によって違いますが、「肥毒層《ひどく》」と呼びます。

自然栽培では、この肥毒層によって地球の中心のエネルギーを遮ってしまい、太陽と月と地球の三つ力のバランスが崩れてしまっているので、これを取り除くことが重要と考えます。地球のエネルギーである土をできるだけきれいに浄化して、本来の地球のエネルギーが発揮できるようにするのです。

土の浄化、つまり肥毒層を取り除くためには、根を深くたくさん張るえん麦や牧草類を植えるなどして、肥毒を根から吸い取ってもらうのです。すべての畑で一度に行えないので、毎年少しずつ取り組んでいきます。こうやって作物に合った土にしていくことを考えるのが、自然栽培農家の仕事なのです。

その土壌に合ってくる種たち

市販されている種は、化学肥料や農薬を使った作物から採ったものなので、種も化学肥料や農薬の影響を受けていないものが必要になってくるのです。自分たちの畑で肥料も農薬も一切やらないで、種採りを繰り返していくことで種もきれいにしていくのです。

種採りを繰り返していくことによって、年々その種がその土地にも合ってきます。早いもので三年、長いもので七～八年かかってその土地に馴染んでいくのです。こうやって種もきれいにしながら土もきれいにしながら、本来の自然の力をいただいて作物を育てていくわけです。

毎年いろいろな天候を経験して、いろいろな病気が発生したり虫が付いたり、そういうことを経験しながら、種もその土地に合わせてだんだんと力を発揮していきます。農作物の敵とみなされることが多い病害虫や雑草は実は敵ではなく、土の中にまだ肥毒が残っていたり、畑に「不自然」が残っていたりすることを、私たち自然栽培農家に教えてくれる自然界からのメッセンジャーだととらえています。そう考えると一般的に農業で忌み嫌われる病気、虫、草も、感謝すべきものなのです。

不自然とは、単に肥毒のあるなしだけでなく、植え付ける時期や場所、作物との関わり方や畑に向かう農家の心のあり方も含んだものです。土と種から肥毒がなくなり、農家の営みが自然と調和してくれば、病害虫も作物の成長を妨げるような草も出ないといいます。それが究極の自然栽培です。

僕らもまだ試行錯誤の中なので、これが一〇〇%正しいかと聞かれると、まだ断言はできないのですが、それが面白く可能性がある農業だと思って続けています。自然栽培では太陽と月と地球のエネルギーは基本的には無限に供給されるわけだから、養分が少なくなっていくということはあまり考えなくてもいいのです。そもそも人間が与えている養分で作物を育てるという発想がないのです。多少、収量が少なくても本当においしくて健康な野菜を長く持続してつくっていくことを考えていきたいのです。

「自然と人間が調和する農業」が自然栽培

僕が新規就農して農家になった頃は、「自然栽培」は今ほど知られていませんでした。今は詳しいことは知らなくても、自然栽培という言葉は多くの人が知っており、取り組む農家も増えてきました。実りの秋を迎えると「自然栽培マルシェ」と銘打った直売所が札幌市内各所に開かれたりもしています。

「有機栽培」は「有機農業の推進に関する法律」に明確な定義がありますが、自然栽培には明確な定義がありません。しかしその歴史は意外に古く、一九三五年（昭和一〇年）には始まっています。誤解されやすいのですが、自然イコール放任ではありません。そもそも農業自体が、いわゆる自然状態の原野や森林を開墾し、人間が管理する田畑として使うものであり、手つかずの自然ではありません。

人間が管理する田畑で作物を生産するのが農業であることを踏まえれば、自然栽培は「自然と人間が調和する農業」と言えます。つまり、人間の手をどこまで加えるか、そのバランスが大切になってきます。僕が取り組む自然栽培は、肥料、農薬を投入せず、自分の畑で種を採り続けていくものです。特に重要なのは、「肥料を投入しない」ということです。

自然栽培では、作物の病気や虫の原因は「肥料」であると考えます。新たな肥料を投入せず、過去の肥料が土からなくなっていけば、土は本来の力を取り戻し、虫と病気は役割を終えてなくなっていき農薬は必要なくなるのです。

しかし慣行農業では化学肥料を使うのが一般的です。化学肥料を使わずに有機肥料（植物性あるいは動物性の肥料）を使うのが有機農業です。一般的な慣行栽培でも有機栽培も「人間が与える肥料によって作物を育てる」という点は同じです。

肥料を与えないのが自然栽培の前提

自然栽培では化学肥料や有機肥料を与えないのに、なぜ作物が育つのか。先に結論を言うと「現在の農学、科学では説明できない」というのが答えです。自然栽培では日（太陽）、水（月）、土（地球）の目に見えないエネルギーが作物を育てると考えますが、これは今の農学で証明されているわけではありません。現在の農学では、作物が生育するためには何らかの養分が必要で、それを人間が与えることで作物を生産するという考えが常識です。

自然栽培で作物を育てることは、「肥料は与えない」ことが前提ですから、この化学にしろ有機にしろ、肥料を与えるという常識では説明がつきません。この常識に基づけば、肥料を与えなければ、いずれ作物は育たなくなるはずです。しかし多くの自然栽培農家の田畑では、収穫量の違いはありますが作物は育っています。

なぜ肥料を与えないのに作物が育つのか、その答えを「微生物の働き」に求める人もいます。微生物の研究はどんどん進んでいますが、畑にいる微生物のうち、その存在が分かっているのは数％です。しかもさらに働きが解明されているのは、数％の中のまだわずかだそうです。もちろんいくつかの微生物の働きが分かったとしても、それは自然界のごくごく一部を解明したということであって、まだまだ分からないことが多い世界が残っています。

ただ自然栽培に長年取り組んできた畑には、作物が生育するのに欠かせない「窒素」が一般的な畑と比べるととても少ないことが分かってきています。今の農学からすると、窒素がなければ作物はできなくなると考えるのが常識ですが、目の前で起きている事実は、常識と真逆の窒素はほとんどないのに、作物はちゃんと育っているということです。

僕は決して今の農業の常識を否定するつもりはありません。慣行栽培に有機栽培、そして自然栽培とさまざまな農家が、それぞれの思うところに従ってさまざまな農法に取り組んでいける多様な形の農業がある状況こそ、健全だと思うからです。

自然栽培の世界で分かってきていることは、土の中から過去に投入した肥料や農薬がなくなっていくと、作物が健康に育つようになるということです。これも今の農学で説明できることではありません。肥料、農薬を与えない「自然栽培」というと、昔の農業に回帰していると理解されることもあるのですが、自然栽培の立場では、科学的な解明よりも「肥料を与えずとも作物が採れている」という事実が先行しています。もしかすると自然栽培は今の科学を越えた新しい農業なのかもしれません。

自然栽培は作り手の内面が影響する

自然栽培を続けて肥料や農薬が抜けて、太陽、月、地球の三つの自然の力で育てることに近づけば近づくほど、作っている人間の思いが影響しやすくなるのだと思います。肥料や農薬という即効薬を投入すれば作物ができるとなると、つくる人間の思いはそれほど顕在化しません。純粋化すればするほど人間の心の安定度とか思いとか、そういう作り手の内面がより影響するのではないかと思います。

今までと同じ感覚で畑に入っていればいいかというとそうではなくて、土と種がどんどん進化していくのだったら、人間もどんどん変化していかなければいけません。草取りをしたら次の日は作物がものすごく喜んでいる感じはしますし、お日さまが当たるようになって伸び伸びとしていると感じることもあります。

ハクサイを栽培して経験したことですが、毎日ハクサイの畑の前を通って、だんだんと成長していくのを見ていると、すごく色がきれいになっていくのが分かります。「ああ、きれいだな」と思いながら毎日通っているうちに、このハクサイは自分がつくっているのではないと思ったのです。

確かに僕が種から苗をつくり、その苗を畑に植えたのですが、ハクサイが育つ八〇～九〇日から見れば、それはほんの一瞬なのです。一株にすればほんの何秒かのことで、あとは全部ハクサイが自然の力を使って育ってくれているのです。間違っても僕がつくったハクサイだとは言えないし、そうとも思わなくなっているのです。

もちろん以前から「僕が作ったんだ」というような傲慢な気持ちはなかったのですが、最近はますます作物は自然の力で育っていると改めて思うようになっています。僕のできる作業はほんのわずかで、ましてや肥料も農薬も与えていないわけですから、本当に作物自身が育ってくれているのだなあ、と感じています。それは多分、人間が引き出すというものではなく、むしろ人間が邪魔しなければ、作物はちゃんと育つのだという感じです。

「顔の見える」から「ハートが伝わる」関係へ

これまで農閑期の一一月から一二月にかけて、ほぼ毎年、自宅で「種採りワークショップ」を開いてきました。自宅の居間を使うので各回とも少人数の集まりなのですが、実際に種採り用に収穫せずに秋まで大きく育てたズッキーニやキュウリを使って実演を見てもらったり、自然栽培や野菜の種などについてお話をしたりします。また来られた会員の皆さんからもその年の野菜の話などを聞かせてもらっています。

最近では自然栽培に関心のある方々も増えてきているようで、出向いてお話をする機会もいただくようになりました。またＣＳＡの野菜配達以外に市内レストランに直接野菜を納品したり、ズッキーニのギフトボックスや豆類の注文販売で会員以外の人たちにも伊達家の野菜や豆を食べてもらう機会が増えてきました。

またこのギフトボックスにはズッキーニをテーマにしたかわいらしい手作り絵本も一緒に入れています。ズッキーニが育っていく過程や種採りの様子、また簡単なレシピなどをＡ五判、八ページに収めました。この手作り絵本は会員の中にイラストを描かれる方やデザイナーの方がいて、そのつながりから生まれたものです。

ＣＳＡの会員の皆さんには僕と愛子が直接、採れたての野菜を手渡しでお届けしてきました。これまでの一二年の間で延べ六四〇家族以上が、ファーム伊達家の野菜を食べ、僕たちの農業を支えてくれました。「美味しい野菜をありがとう」「食べてくださってありがとう」——そこには顔が見える関係を越えた「ハートが伝わる関係」があります。豊作の時も不作の時も、大切に野菜を食べてくれる会員の皆さんとの深いつながりがあるから、僕たちは種を採り、野菜をつくることができるのです。

二年ほど前に「タネのお話し会」というイベントが札幌市内であり、講師としてお話をしてきました。ここでも種採りの実演、自然栽培の話、種の話、野菜の試食という盛りだくさんの内容で、参加した子どもから大人まで六〇人ほどが熱心に耳を傾けてくれました。

皆さん日頃から野菜を食べていても、種を実際に見る機会はあまりないと思うので、種を袋から出して手に乗せて見てもらったり、花が咲いたダイコンや種を付けたニンジン、ゴボウなども持参して種がどんな形でできているのかも見てもらったりしました。キュウリとズッキーニは種を採り出す作業を実演で見てもらいました。親子での参加も多かったのですが、最初は遠慮気味だった小学生もだんだん身を乗り出してきて、最後は食い入るように見てくれるようになりました。

日々の暮らしの中で種を守る行動を

野菜を育てるために欠かせない種ですが、取り巻く環境はだんだん厳しくなっています。遺伝子組み換え種子は言うまでもなく、一代限りの交配種が野菜の大多数を占め、農家が自分で種を採ることはおろか国内での採種も減り、海外で生産された種を輸入することが当たり前のようになっています。

日本の食料自給率は三八％まで下がっていますが、野菜の種子の自給率は一〇％程度といわれています。

ファーム伊達家の伊達寛記さんと妻の愛子さん

ちなみに国内の農業生産を支える化学肥料もその原料はほとんどが輸入という状況です。種も肥料も国内には資源があまりないのが現状です。「種子を制する者が世界を制する」との言葉通り、国内外の大きい種苗メーカーが中小の種苗会社を吸収合併している現状もあります。

そんな中で、札幌の片隅の小さな農場で、種を採り続けていくことが、それほど大きく世の中を動かすとは思えないのですが、こうして一三年間種採りしながら野菜を育ててきた経験を、興味のある方々に伝えていくことなら僕にもできます。人が関わる畑で繰り広げられる作物の成長のドラマは、自然の営みと切り離すことはできません。私たちの農業はあらゆる点において、自然と、自然の力とつながっています。種をつなぎ、人と自然と、そして地域とのつながりの中で農業を営めることに感謝の気持ちでいっぱいです。

僕のこれまでの経験や思いを伝えることで、

少しでも多くの方が種の大切さに気付き、種を守るために日々の暮らしの中で少しでも行動を起こしていく――僕の話がそのきっかけになるならば、とてもありがたいです。

ファーム伊達家では一三年間、南区豊滝で自然栽培を続けてきましたが、農地の賃貸契約終了を機に、ご縁があって南区藤野の農地を購入しました。所有者が永年にわたって丁寧に手入れしてきた素晴らしい農地です。

二〇一八年三月から新しい農地で自然栽培、自家採種の野菜づくりを始めました。農地には住宅もあるので、畑で暮らし、野菜を作ることになります。豊滝での野菜づくりを終えた昨年秋以降、会員の皆さんに移転先を探していることをお知らせしてしたところ、多くの方から「いい場所が見つかるよう祈っていますね」「伊達家がどこに行っても応援します」などとたくさんの励ましをいただきました。

多くの方がファーム伊達家の野菜を愛し、支えてくださっていることを改めて感じました。豊滝での経験と採り続けてきた種、そして多くの人とのつながりを生かして、自然栽培、自家採種に取り組んでいきますが、土作りは一からのスタートです。すぐにこれまでのような野菜が採れるとは限りませんが、新しい農地で自然栽培に転換し極めていくモデルを作れるように、愛子と力を合わせて取り組んでいきます。

伊達寛記（だて・ひろき）

一九六九年、空知管内栗山町生まれ。北海道大学法学部卒業後、総務省に入省し、旭川、札幌で勤務。二〇〇三年に退職しメノビレッジ長沼で二年間の研修後、〇五年に札幌市南区豊滝で新規就農。一八年三月からは南区藤野に約一ヘクタールの農地を購入し、「自然栽培×都市農業」をキーワードに新しいＣＳＡを展開している。

3

人をつなぐ、命をつなぐ「ひとりＣＳＡ」

みみずく舎
ミリケン恵子

「家族単位の規模」が重要

私は北海道北西に位置する人口一一〇〇人ほどの小さな村、赤井川村に住んでいます。

東京から移住して以来、主婦として四人の子どもを育てながら、夫婦で家を建て、ヤギや鶏を飼い、田畑を耕し、薪を積み、さながら自給自足のような暮らしを営んでおりましたが、九年目の二〇一一年三月一一日に東日本大震災が起きて以降は、暮らしの「土台」に疑問を感じ、「持続可能とは何か」をテーマに、ミニコミ紙の発行、映画上映会、勉強会の開催、反原発の署名、そして地域の農産品を最短の商業都市・小樽市で移動販売する「ひとりＣＳＡ」という活動に移りました。

今回ご紹介する「ひとりＣＳＡ」は、北米で展開される「地域が支える農業」を意味した Community Supported Agriculture に由来した地産活動です。もちろん「ひとりＣＳＡ」なんて言葉はありません。私の造語です。ＣＳＡの説明はさておき、その前につく「ひとり」は、消費者と生産者の間に立つ人間の「数」を強調するためにつけました。中間業者は置かず、「一人だけでやっています」という意味を込めたつもりです。

大量生産大量消費の現代の一般的な流通は、集荷、輸送、販売に多くの手が入ります。

ところがこの「ひとりＣＳＡ」のような小規模な流通であれば、全てを「一人」で行うことができ、それによって生産者と消費者の距離は縮まり、相互に「顔の見える」関係が築くことができる。それが狙いです。

「ひとりＣＳＡ」では、赤井川村の知り合いの農家に声をかけ、野菜を集め、公正な価格で買い取り、それらを小樽の消費者のもとにその日のうちに届けています。声をかけている農家は、よく知る生産者であること、そして「家族単位の小規模」であること、ここが重要です。

なぜ重要なのか。それは私の住む生産地を見れば分かります。「生産地」と呼ばれる集落にとって、農家の高齢化と離農はとても身近な問題です。この国では「食料自給率が低い（現在三八％）」ことが問題とされますが、そもそもなぜ農業が衰退するのか、なぜ農家には後継者がいないのか、そこが正しく理解されず、改善されないまま、ただ「自給率」ばかりを案じている。これでは到底解決しようもありません。

自然と対峙し続けるのが農業

農家が廃業、あるいは後継者が不足する理由は、「農家」という職業がその中身に対して「割に合わない」からです。生産地に住む消費者の一人として見ると、そもそも生産者の労力に対して、野菜の値段は安すぎます。野菜の価値の低さ、それは消費者の認識の低さです。

例えばある日の「ひとりＣＳＡ」の移動販売で、一本一五〇円の大根を売るとします。すると消費者の中には「あら高いわね」という人が必ずいます。また別の日に、今度は少し小ぶりの大根を一〇〇円で持っていけば「あら小さいわね」とも言われます。「消費者」が持つ大根の基準とはなんでしょう？　消費者の多くがスーパーなどで見かける大根は、表面がツルツルした太い大根、大きさもほぼ均等です。

消費者にとっては、「ツルツルした一本一〇〇円の大根」がずらりと居並んだスーパーの光景が記憶されれば、それが一般的な大根の値段、形になります。けれどもそれでは困るのです。本来農業とは、種をまき、芽が出て収穫して初めて収入を得るという、手間のかかる仕事です。

手間だけではありません。一年を通せば、ビニールハウスが飛ぶような台風もある。水まきが必要になる干ばつも猛暑もある。表土が流されるような集中豪雨もある。その都度、農家は作物を守り、田畑を守り、暮らしを守り続けてきたのです。いかなる天候でも自然と対峙し続けるのが農業なのです。

畑にしても、ただ種を植えっぱなしにしておけば野菜が「生える」わけではありません。

いわゆる「慣行農業」と言われる大規模農業では、広い土地をトラクターで耕し、春は石灰をまき、畑の消毒、化学肥料に除草剤、必要であれば畑にマルチというビニールも敷きます。

そこには、ビニールマルチを売るような資材屋があって、種苗会社があって、農薬会社があって、例えば大根一つにしてもこれほどの業者が介在するのです。さらにこれを出荷すれば、今度は箱詰めの梱包資材の会社、輸送する会社、販売する小売業者、場合によっては商社も入ります。これだけたくさんの人が入った大根が安い時では一〇〇円になる。農家にはどれだけの手取りが残るのでしょう?

地域同士が支え合う農業

消費者の多くは、こうした農業の実態も、農村の暮らしも、知ることもなければ想像することもなく、一〇〇円の大根を当たり前に受け止めるのです。だからこそ、農村部に住む私は、家族で経営を続けるような小規模農家に野菜を頼み、集めます。顔の見える農家から野菜を集める傍ら、野菜の生育や、作業状況、天候などの話を聞き、今度はそれを顔の見える近郊都市の消費者に伝える。

こうしていかに農業が手間のかかる仕事か、農家の暮らし、背景を想像してもらう。それが「ひとりＣＳＡ」の役割であり、消費者が持つ野菜の認識を変える改革です。せっかく生産地に住んでいるのです。私のできることは、これまでの「中間業者ありき」の構造ではない、農家の暮らしに沿った新たな流通を作ること。傍目にはただの移動販売のようですが、私は野菜だけを売っているつもりはありません。

ＣＳＡの訳語は「地域が支える農業」です。つまり「赤井川という地域」の農業生産を「小樽という地域」で支えてもらうことを意味します。農村部は野菜を適正な価格で買ってもらい、都市部は新鮮な野菜を売ってもらう。

相互の利益の元に近隣の農村と商業都市を最短距離で結べば、小さくとも「顔の見える」確かな流通ができるはずです。赤井川も小樽も、どちらも都市部への人口流出という共通の問題を抱えています。そうであっても、私たちは「取り残された人間」ではありません。

生産地に近いからこそ、どこよりも新鮮な野菜を買え、消費地に近いからこそ、その日のうちに美味しく食べられる、地域はそうした特権を持っているのです。

「地域が支える農業」という意味のＣＳＡですが、「ひとりＣＳＡ」は、本来の解釈とは違い、地域の複数の農家から野菜を仕入れ、不特定の消費者で買い支えているという点で独自の産直活動です。言ってみれば、「（赤井川という）地域の生産を（小樽という）地域で消費してもらう」という大意において、「地域同士が支え合う農業」と言えるのかもしれません。

経済的に見た農家と農村の実態

会員でくくってはおりませんが、そろう顔ぶれはいつもほとんど同じです。どの人もここで野菜を買うのは、単に「安いから」ではなく、「新鮮だから」そして「美味しいから」。そして何よりも「〇〇さんが作った野菜だから」という理由で野菜が買われていきます。これこそがその生産者への賛辞と野菜に対する敬意に他なりません。

もう一つ、高齢化した農家と、「ひとりＣＳＡ」の意義について。農家に後継が残らなくなった理由は、現代社会の暮らしそのものにもあります。多くの人が求めるもの、それは「安定」です。一方で農家は農協に借り入れはできますが、基本的に収穫まで無収入です。現代では生活にかかるお金は、都市部も地方も誰もが同額、あるいは地方の方がより高くつくようになってしまいました。

少子化によって地方から高校がなくなれば、子どものいる世帯は、進学のために子ども達を都市部に送り出さなければなりません。学費、交通費、時には下宿代が余計にかかります。高齢化でも過疎の地方であれば同じです。簡単な病気ならまだしも、今や三人に一人ががんを発症する時代。高度な医療技術を持つ大病院もまた都市部に集中しているため、通院にもお金がかかるのは避けられません。

通院に使う交通機関も農村部のような過疎地には、バスは一日に数便しかない、電車の時間もうまく接続しない。地方暮らしに車は必需品です。総合的に見て、車にかかる維持費や、農業機械、冠婚葬祭や交際費、これらが「農家の暮らし」に計上されるとすれば、かかるお金は、都市部のサラリーマン以上であることは否めません。高齢者世帯にしたら、それを年金でやりくりしなければならない。

農家がかける国民年金の受給額は、現在一人六万円程度です。夫婦二人で一二万円、これに介護保険料が天引きされるのですが、これでは生活保護の受給額より低く、決して安定した老後を送ることはできません。国はこうした農家の基本的な生活すら考慮せず、大規模農家にばかり補助を与え、小規模農家には自助努力を求める。

一方、「安定」というイメージで代表されるサラリーマンには、月々の給与もある。正規に雇用されていれば、ボーナスもある。超過勤務など不当な雇用の問題はあるにせよ、基本的な休日も保証され、定年もある。

そして何よりも年金がある。実態がどうあれ、「隣の芝生」は青々とよく見えるものです。

かくして農家の多くは、自らの暮らしに不満と不安、そして国の農業政策への不信を募らせ、「自分と同じ苦労をさせたくない」と息子を都市部に送り出し、サラリーマンの道を歩ませるのです。経済的に見た農家と農村の実態です。これでは後継者が増えるわけはなく、「食料自給率」など上がるはずがありません。

Kさんの美味しい野菜を届ける

対して、私ができることは、もちろん何もないに等しいのですが、近隣の農家の野菜を買い取り、その日のうちに売りさばけば、農家にも私にも「日銭」が入ります。それは何トンという量の大規模な流通から見れば、本当に微々たるもので、「日銭」の額も「おかず代」くらいにしかなりません。

けれども何トンという量で買い取ってもらう現在の流通では、果たして農家に支払われる大根は一本いくらになるのでしょう？　それに比べれば、私のところで買い取る大根の金額は、まっとうなはずです。

先述した通り、一人でやっていることで、輸送もします。袋詰めもします。出荷のできないお年寄りのところに行って、集荷もします。それは大変手間と時間のかかることなのですが、それによって私は生産者の作ったものを安く買いたたくこともないのです。

高齢化した農家にとって、今の年金額では楽隠居はできません。そこで生産者の多くは、「死ぬまで農家」と言うのです。確かに、人間が生きがい、やりがいを追求する上で誇りを持って生涯農業に従事することは、とても素晴らしいことです。しかし「それしか生きる術がない」「仕方ない」のでは、決して「豊かな老後」とは言えません。たとえ「日銭」であっても、チリも積もれば山になります。

「ひとりCSA」の生産者の一人Kさんは、ご主人を亡くされた高齢の生産者さんです。

車も運転はできませんが、農業技術、知識ともに大変優れた方です。

男性顔負けの技術と、女性ならではの視点で、たくさんの種類の美味しい野菜を育てられています。

Kさんはご主人が亡くなったことで、出荷のルートを失ってしまいます。そんな経緯から、「ひとりCSA」で声をかけさせていただくことになりました。Kさんは、集荷し販売する私に「ありがたい」と言ってくれます。

ところが実際にありがたいのは、流通に立つ私と、消費者の側です。腕の立つKさんであれば、これまであれば、その野菜の多くは都市部に向けて流れていきました。けれども今では小樽の街角に並ぶのです。しかも新鮮なうちに。

小樽の人たちは、Kさんの野菜を毎回楽しみにしています。それをまたKさんに伝えると、Kさんはやりがいを感じてくれます。顔が見えるからこそ、近くだからこそ、こんな素敵な循環が起こっているのです。

育てる小規模農家、作る大規模農家

「ひとりCSA」では、個人の農家を大切だと考えます。何故なら、家族規模の小さい農家には「顔がある」からです。一方で、私が「顔のない」農業と指しているのが、法人農業や企業型農業。こうした農業形態は、大規模です。大規模な力の農業で大量生産、流通も大規模です。スーパーで見られる野菜の多くがこれにあたり、曲がりのない、形のそろった、早く採れる「野菜」、それらを大規模に効率よく「作る」のです。

小規模農家は野菜を育てます。大規模農業は野菜を作ります。同じことをしているようですが、中身は大きく違います。そもそも大規模ですから、手間をかけてはいられません。化成肥料や殺虫剤、殺菌剤、除草剤を大量に使います。空中から散布もします。

それによって失われるものもたくさんあります。一つは「自然環境」です。殺虫剤を撒くことによって、地域の昆虫、魚、鳥は死滅し、生態系が壊れます。中でも近年は、蜂が大量死する現象が続いています。これは「ネオニコチノイド」系という二〇〇〇年ごろから使われだした農薬のせいではないかと言われています。

蜂が死滅するということは、受粉を助ける生き物「ポリネーター」を失うことです。レイチェル・カーソン女史が一九六二年に出した『沈黙の春』では、当時の農薬DDT被害の警鐘を鳴らしました。今度はそれだけでは足らず、新たな沈黙が農村地域に静かに広がってきているのです。

顔が見える大切さ

もう一つは「健康被害」です。大規模農業で散布される大量の農薬によって、死滅するのは昆虫ばかりではありません。殺虫剤に用いられる神経毒は、人間の神経も侵すのです。ガン、自閉症、アルツハイマー、アレルギー、糖尿病、心臓病、肝臓病、先天的欠損症、あらゆる疾患が生産地域に多いのは、単なる偶然ではないはずです。

そしてさらに一つが、「食の地域格差」です。大規模で「勝つ農業」をするのであれば、野菜を売る相手も高く買ってくれる「都市部」に決まります。つまり近くで作っていても、近隣の地域では新鮮な野菜を買うこともできなくなるのです。さもなければ、「ハネ」と呼ばれる規格外品しか回ってきません。

そもそも私は規格外品を「ハネ」と呼んで差別化することに違和感を覚えるのですが、とにかく都市部に相手にされないような野菜しか、近郊の地域では食べることができなくなるのです。

野菜自体が高価なものになれば、経済的に裕福でない家庭では、安価な加工品を食べることになります。加工品に使われているものは、遺伝子組み換えの危険性の高いものや、大量の添加物です。すぐ隣で畑が作られていても、地域に残していくのは農薬ばかりで、住民にとっても健康に害を及ぼすものばかり。こうした「食の格差」は、大規模化された遠い未来の農業のことのように感じられてきましたが、実際は私たちのすぐそばにある危機なのです。

もちろん「顔が見える」農家であっても農薬を使うことはあります。でもそれは、形のそろった規格に沿った野菜を、効率よく作るために市場《しじょう》から求められたもので、実際の消費者の多くは、今や形にこだわるよりも「安全性」を重視します。消費者の顔が見え、そのニーズが分かれば、生産者は不要な農薬を大量に使う必要もなくなります。

当然生産者の健康にも、悪影響を与える「農薬」です。お金も余計にかかり、使わないに越したことはありません。そうした流通を作るのも、市民が支える「ひとりCSA」だからできるのです。

移動販売から店を構えた「ひとりCSA」

さて、そんな「ひとりCSA」は、自家用車に野菜を積み込んだだけの移動販売から始まりました。店舗を構えず、知り合いの店先を利用して時間ごとに移動するスタイルは、維持にも莫大な費用がかからず、その分を手に取りやすい価格に還元できます。朝採ってきたばかりの野菜は新鮮で、味も違います。

けれどもそれが高価なものであれば、地域の主婦たちに広く支持されることもありません。「ひとりCSA」の主な顧客たちは、主婦ばかりです。「水曜日の午前一一時は○○店前」と決めておくと、その時間にご近所から地域に住む主婦たちが集まってきます。毎週定時の移動販売には、それまでつながりようもない異世代の主婦たちが集まり、そこからやがて「顔なじみ」の小さなコミュニティが生まれます。

そこでは新しい野菜の調理法や、地域のこと、社会のことが話し合われ、さながら新しい時代の「井戸端会議」です。移動販売という形式は、誰もが参加できるからこそ、「地域の食」がみんなの問題として広がっていく。敷居は決して高くはありません。これは、地域野菜を通して誰もが参加する事のできる消費者活動です。

そして今、この「ひとりCSA」の活動は、移動販売から小樽の妙見市場に店舗を構えるまでに至りました。お店には地域野菜のほか、今度はお惣菜、パンや豆腐、お団子なども集めて販売しています。集める先は、これらもまた「小規模家族経営」のお店です。

私ひとりの力では地域の農産物を買い支えられない。それを、「ひとりCSA」にすることで、みんなで買い支えていくことができたのです。これと同じように、今度は「家族規模」の小さなお店を買い支えていきたいと思っています。生物の多様性同様、健全な町並みとは、あらゆる業種のお店が小さく程よく賑わっている。

私たちの社会も多様でなければならないのです。

種さえあれば自立農を営める

我が家には、「家庭菜園」と呼ぶには大きすぎる畑があります。ジャガイモは四種、玉ねぎも四種、ネギ、ビーツ、スイスチャード、ルタベーガー、レタス、キャベツ、白菜、大根、トマト三種、豆五種、カボチャ三種、ズッキーニ二種、人参二種、さつまいも、きゅうり、フルーツほおずき、ニンニク、小麦など、あらゆる種類の野菜を植えています。

肥料は近所で作られる堆肥のほか、我が家のヤギと鶏の糞尿から作った堆肥です。その鶏とヤギには、畑で採れた野菜のくずや、家庭の残飯、ご近所からくず米や、廃棄された野菜をもらい、与えます。

収穫は自給用に加工もし、冷凍して蓄えます。さらにそこから良い実は食べずに残し、種を採って次の年にまく。地域の中だけでも生産は、循環しています。もちろん、それ以外も別の土地で繋がれてきた種を手に入れ、畑で育てていますが、種さえ採れていれば、企業に委ねることはなく、自立した農を営めるのです。夫と私は仕事に出かける前の早朝から畑を耕し、日中は息子が畑仕事をします。仕事から帰ってきても、暗がりで収穫することもあります。家は自分たちで建て、ペンキも塗ります。冬に焚く薪は夫が木を伐り、家族で並べて干します。暇のない暮らしです。

便利な暮らしはお金を出せば簡単に手に入るのに、私たちはあえてその逆をする。それはできる範囲でエネルギーの無駄を作らないため、もう一つはかつては自分たちでできたことを、すべて企業任せにしてきた「現代社会」への挑戦でもあるのです。

今あるエネルギーは、すべて私たちの子ども達の子ども、あるいは孫から前借りしたもの。もしかしたら、そのエネルギーは子の代、孫の代で底を尽きてしまうかもしれません。

だから孫からの前借りをやめて、残す努力をするのです。

種を次の世代にどれだけ繋げられるか

現代社会をイソップ童話『アリとキリギリス』でたとえるならば、現代に生きるあまりにも多くの人が、「キリギリス」の状態です。キリギリスが遊べば遊ぶほど、地球上の食料も資源も無くなります。

グローバリゼーションは、世界中のキリギリスたちに「うまい話」を持ちかけ、もっとお金を使わせるでしょう。アリは地域であくせく働いて地道に生きていくことが馬鹿馬鹿しくなります。それが農家の後継者問題です。キリギリスのように華やかで楽しい人生を送りたいと思うでしょう。けれどもこれはとても危ういのです。

本のテーマは「種子法」をめぐるお話なので、あえて私たちを「種」として考えてみると、アリであれ、キリギリスであれ、私たちはそれぞれどれも一つの「種」。その種を次の代にどれだけ繋げられるか、それがこれまでの「種」の役割であり「生き物」の存在価値でもあったはずです。

けれども少子高齢化社会が表すように、私たちの「種」としての力は、弱まっています。子どもが少ない社会、それはつなぐべき種が終わりに近づいていることを意味します。少ない人口で限られた資源を分け合う「縮小社会」は、確かにこれからの希望でもありますが、同時にこの先細りの人類を認め、未来への可能性を縮めてしまうことにもなります。

みみずく舎のミリケン恵子さん

楽しく生きることも確かに大切です。けれども全世界がキリギリスでいることは不可能です。人類がこれからも種をつないでいくためには、キリギリスも時にアリで居続けなければなりません。

金や権力で誰かに「アリ」の役を押し付けてはいけないのです。だから私は畑を作るのです。種も採ります。動物も飼いますし、野菜を集め、売りに出るのです。それを分かち合うのです。そして分かつ先は、キリギリスの住む町ではなく、アリの住む町。

つまり「ＣＳＡ」という考えは、「アリの仕事をみんなで分担しましょう。負担を分かち合い、収穫の喜びも分かち合いましょう」というもの。もしかしたら破滅に進む時代の「ノアの箱舟」をアリたちで作ろうとしているのかもしれません。

ネットワークを作り出すＣＳＡ

私たちのいる「今」は、便利で豊かな社会に感じられるのですが、土台はぐらぐら揺らいでいます。支える人たちが少なすぎるのです。

どうか「アリ」でいることを拒まないでください。「キリギリス」の暮らしを羨まないでください。足元の見えない砂上の楼閣は、このままでは間もなく崩れ落ちてしまいます。

けれども「農」という営みを、みんなで見直し、取り戻せば、今ならば決して遅くはありません。

「ひとりＣＳＡ」は、誰を支持するか、どんな未来を招くかを私たちが決める選択肢です。

偉そうなことばかり書き並べましたが、私はただの主婦。四人の子どもを持つお母さんです。

そんな一人の主婦ができたこと。つまりは誰もができることでもあるのです。私はまだ見ぬ子ども達の子も、そのまた子にも、ひもじい思いをしては欲しくありません。わずかな資源を奪い合う「戦い」もさせたくはありません。

「自分さえよければ」という、「現代」のあり方を考える時です。一人で始めた「ひとりＣＳＡ」という活動は、小さいながらもネットワークを作り出しています。小樽と赤井川をつなぐ活動、農と食を守る意思を示す活動、命をつなぐ活動、そして笑顔の循環も生まれる素敵な活動です。

「手遅れ」になる前に、どうぞできることから気軽に加わってみてください。

ミリケン恵子（ミリケン・けいこ）
一九七〇年東京都生まれ。大学卒業後に発達障害児施設で勤務。米国人の夫と結婚し退職。一時渡米後、二〇〇二年家族で北海道に移住し、〇六年赤井川村へ入植。農的生活を送る中、一一年を機に持続可能をテーマに市民活動を開始。ミニコミ紙「おむすび」を発行する他、北海道電力泊原子力発電所廃炉署名「こどもの日宣言」、勉強会「妙見ゼミナール」の開催、産直活動「ひとりCSA」、地産服飾ブランド「SWADESHI」など小樽・妙見市場を拠点に活動している。四児の母。

第2部

種子法の廃止とこれからの行方

4　種子法が果たしてきた役割と廃止後の課題

北海道立総合研究機構中央農業試験場遺伝資源部長
田中義則

優良種子の生産と普及が目的

主要農作物種子法（以下、種子法）の目的は、第一条に書かれた稲、麦類、大豆の優良種子の生産と普及の促進にあります。これらの種子を農家の皆さんに確実に届ける役割をこの法律が担っていました。農家が毎年まく種子を「一般種子」または「採種産種子」と呼びます。これはその前年採種ほ場で生産されたものです。この採種ほ場にまく種子を「原種」と呼び、その前年に原種ほ場で生産されます。そして、原種ほ場にまく種子を「原原種」と呼んでいます。

このような手間のかかる三段階の種子生産を行う理由は、北海道には水稲一〇万ヘクタールの水田、小麦と大麦一二万ヘクタール、大豆四万ヘクタールに及ぶ畑に播く大量の種子が毎年必要です。このためその三年前から種子の準備が必要なのです。種子法は、この原原種と原種の種子生産を都道府県に義務付けていました。

水稲の種子を例に挙げますと、北海道では原原種の生産をホクレンに、原種の生産は道内六つの水稲採種組合に委託しています。原種は、さらに道が指定した地域ＪＡの採種ほ場に作付けされ一般種子が生産されます。この種子生産を専門に行う農家を採種農家または種子生産農家と呼んでいます。私たちが食べるお米

図1　主要農作物種子法とは

稲・麦類・大豆の優良種子の生産と普及の促進

都**道**府県は,

- 優良な品種を決定するための試験（第8条）
- （自ら）原原種及び原種の生産（第7条）
- 種子生産（採種）ほ場の指定（第3条）
- ほ場・生産物の審査と証明書の交付（第4・5条）
- 必要な勧告，助言及び指導（第6条）

（1952年施行，2018年廃止）

図2　品種改良（育種）と種子生産

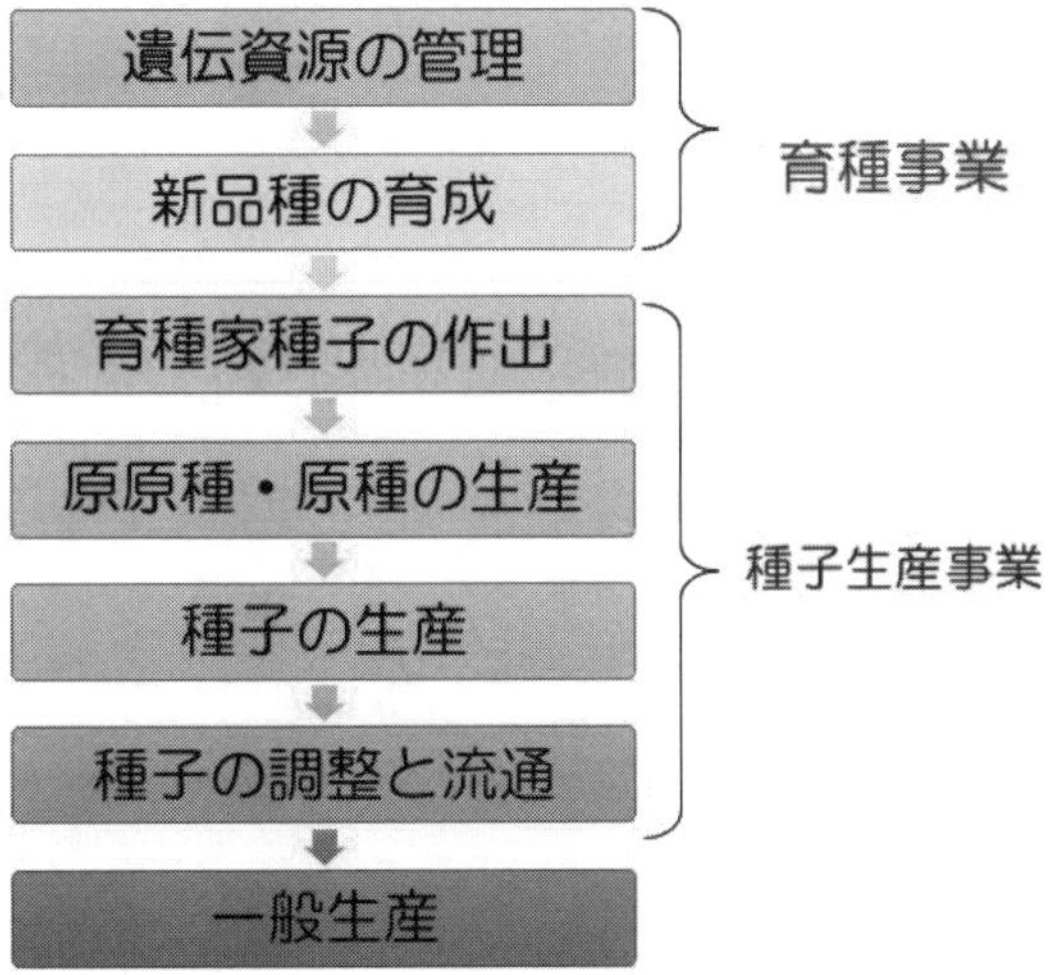

図3　種子法に関する規程体系

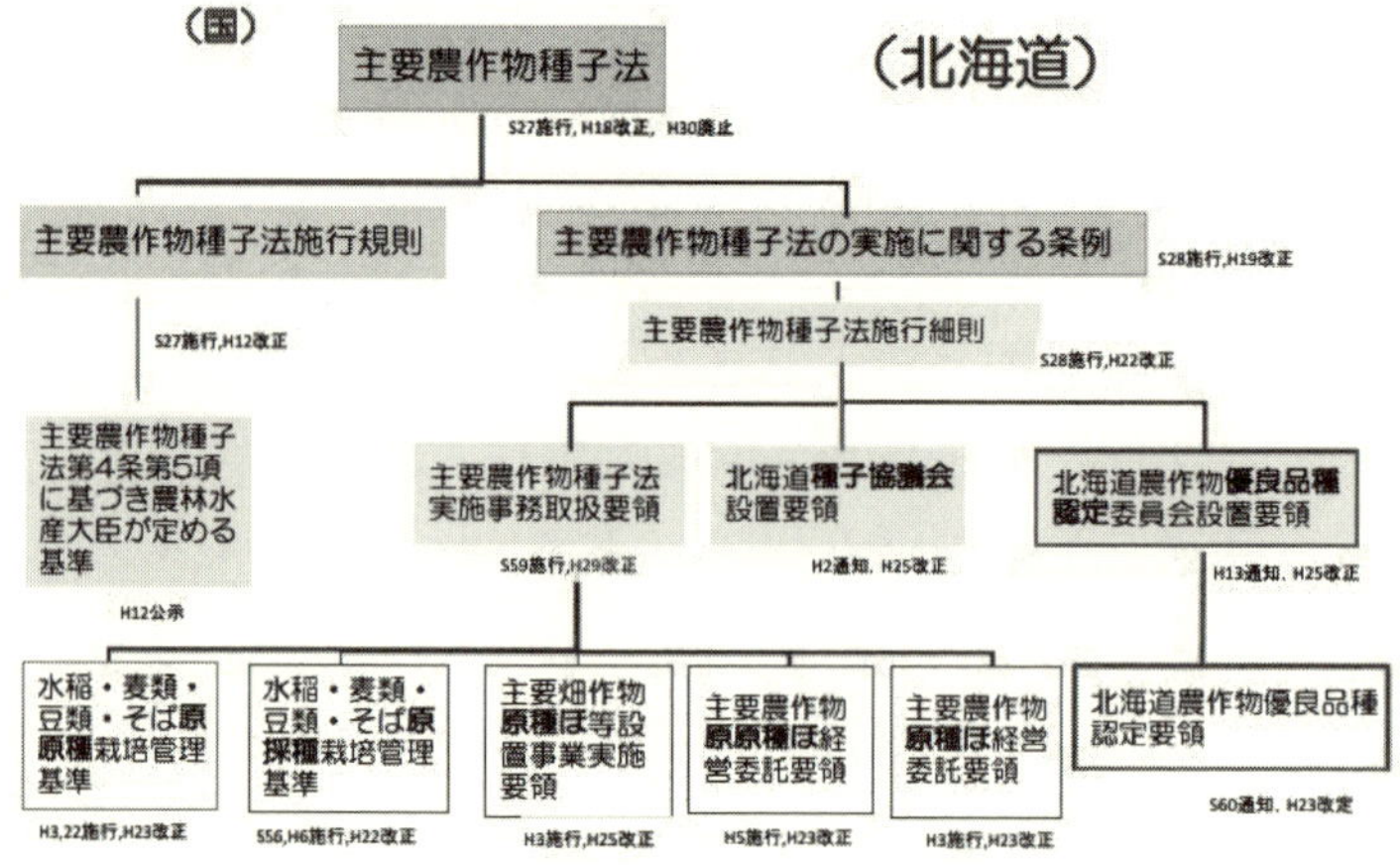

や小麦、大豆を生産する農家の前には、種子生産のプロによる種子のバトンリレーがあるのです。

また種子法では、厳しい基準とともに種子生産ほ場の中で作物を検査するほ場審査と、収穫した種子を検査する生産物審査の実施を義務付けています。この二つの審査に合格した種子のみに証明書が交付され一般生産農家に届けられるのです。この証明書の交付も種子法が義務付けています(図1)。

種子法第八条では、国が都道府県に対して優良な品種(奨励品種)を決定するための試験の実施を義務付けています。これにより北海道では、原原種から採種までの種子生産とその基となる優良品種を開発する品種改良を一体の事業として取り組んでいます(図2)。

北海道は、種子法ができた翌年の一九五三年(昭和二八年)に「主要農作物種子法の実施に関する条例」を制定するとともに「北海道種子協議会」の設置要領などの一〇以上の要領や基準を整備し、しっかりとした体制のもとで種子生産を続けてきました（図3）。

種子法で扱う作物の特徴

まず、種子法が扱う主要農作物である稲、麦類、大豆に共通する特徴は穀物であることです。つまり、種子そのものが食料になるのです。穀物は、一般に含水率が低く貯蔵性に優れ、カロリーも高いので基礎的な食料としての条件を備えています。一方、野菜は主に種子ではなく根や茎、葉などを食用にします。普通では含水率が高く貯蔵性は劣りますが、ビタミンなどが豊富で健康維持に必要な食料です。これらが穀類と野菜の大きな違いです。

このほかに、種子法が扱う稲、麦類、大豆は自家受粉できる自植性作物であり、野菜やトウモロコシなどは他家受粉する他殖性作物であることに大きな違いがあります。この違いは、後ほどお話する品種改良の方法にも関わってきます。

また、北海道の主要農作物の作付面積は、二〇一六年（平成二八年）では飼料と野菜を除く道内耕作地の六三％を占めています。そのうち、小麦が一二万三〇〇〇ヘクタールと最も多く、次いで水稲の一〇万五〇〇〇ヘクタール、てん菜の六万ヘクタール、大豆四万ヘクタールと続いています。いずれも広い畑で栽培される土地利用型の作物です。

現在も種子法の米、麦類、大豆は、北海道農業に重要な主要農作物といえます。

種子の増殖率が異なる稲、小麦、大豆

冒頭で主要農作物の種子の準備に三年以上かかる理由として、毎年大量の種子を準備するためとお話しま

図4 種子の大きさと増殖率

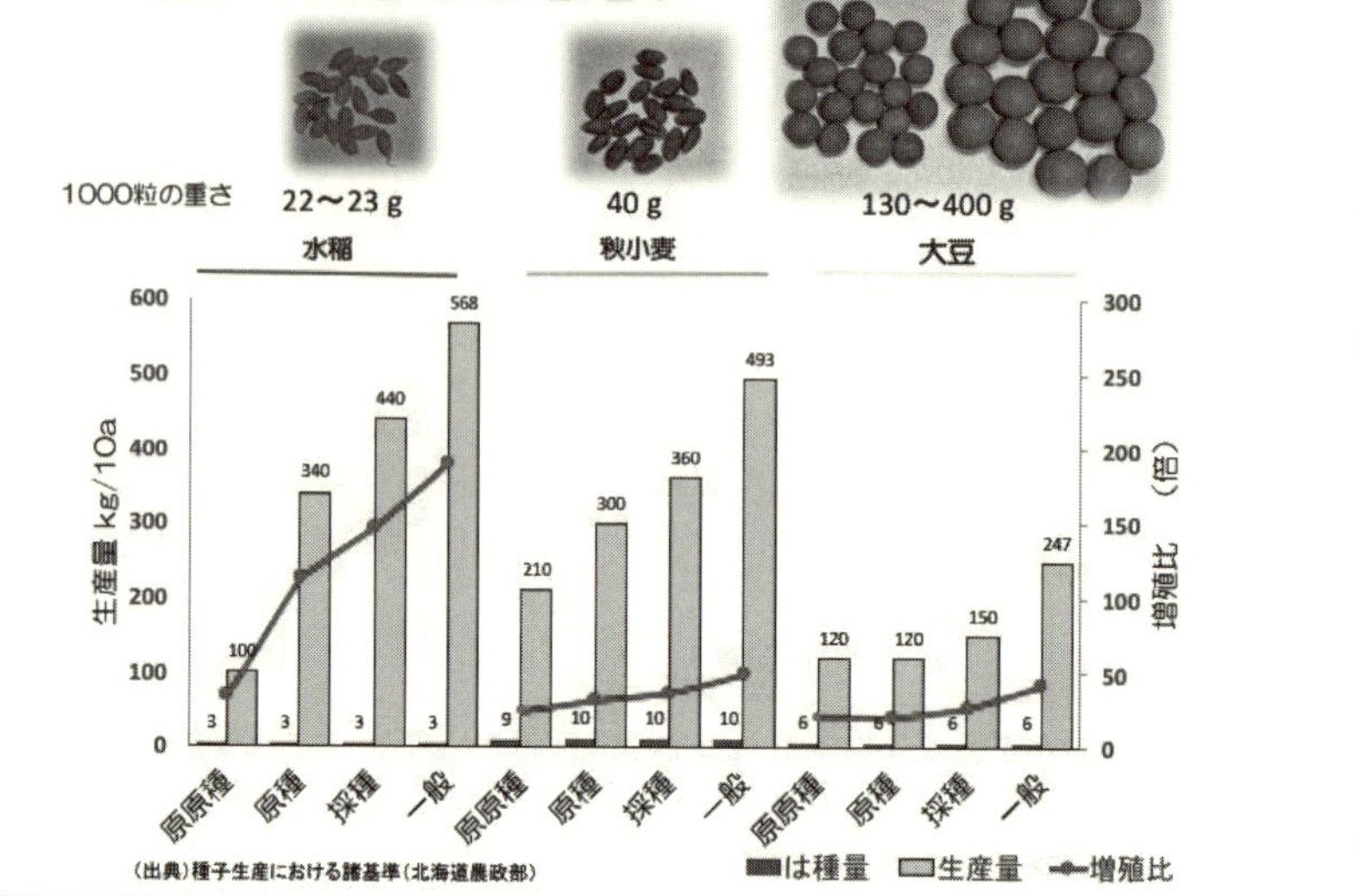

(出典) 種子生産における諸基準(北海道農政部)

した。実はこのほかにも理由があります。それは種子の大きさです。野菜、例えばトマトやピーマンの種子と比べると穀物である稲、小麦、大豆の種子は、ひと粒が非常に大きいことが分かります。このため野菜に比べ穀物は、作物一個体で増える種子の数が少ない、つまり種子の増殖率が低いのです。

水稲の場合では、一般生産農家では一般に一〇アール当たり三キロの種子を播いて収量は平均五六八キロとなりますが、原原種の生産では一〇アール当たり一〇〇キロ程度しか見込んでいません。また原種では三四〇キロ程度、採種でも四四〇キロ程度です。しかし水稲の種子の増殖率は、小麦や大豆に比べるとまだ高い方なのです。小麦の場合、一般生産の平均収量は一〇アール当たり約五〇〇キロと稲に近い収量ですが、播く種の量は約一〇キロと三倍も必要です。同じく大豆では種子を六キロから九キロ播きますが、原原種では一二〇キロ程度、一般生産でも約二倍の二五〇キ

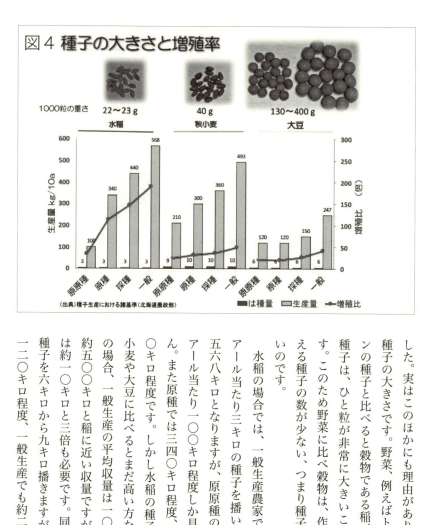

ロ程度しか生産を見込んでいません。

種子ひと粒が大きく増殖率が低い一方で、毎年多量の種子が必要な主要農作物は、どうしても種子の準備に時間がかかってしまうのです（図4）。

北海道の種子生産の歴史

種子法は戦後間もない一九五二年（昭和二七年）にできました。しかし北海道の種子生産自体は、明治時代から続いています。開拓使による欧米の畑作農業技術の導入とともに海外から集めた多くの品種、府県からの移住者が持参した水稲や大豆などがいろいろな地域で在来種として作られていました。また、当時は現在のような種子生産の仕組みが無かったため、農家は自分で種子を採っていました。そのため、同じ由来の品種でも自家採種を毎年続けているうちに農家によって品種の能力や種子の品質がバラバラとなっていました。そこで一八七八年（明治一一年）に、初めて公設の札幌育種場から種子を含む種苗の配布が始まりました。さらに開拓使から北海道庁に代わった後、一九〇五年（明治三八年）に農業試験場が優良品種を決定することが、またその翌年に試験場による優良種苗の増殖と配布が始まっています。

一六年（大正五年）には農林省が主要農産物の種苗配布計画を策定する「米麦品種改良奨励規則」を交付し、国が主導して品種改良を進めていました。大正末期になると農業試験場以外にも原種ほ場を設け、町村に採種ほ場を設けるなどの取り組みがありました。昭和に入り、東北や北海道で冷害が多発したことから、農林省は三四年（昭和九年）に「凶作防止施設奨励援助規則」を交付するなどして、冷害被害地帯向けに種子を確保する事業が強化されていました。このように国と北海道は、常に種子の安定供給に努力してきたのです。

戦時下、戦後の混乱期に優良種子の供給体制が崩壊しましたが、北海道においても五〇年（昭和二五年）の農業研究機関の整理・統合（国と道の研究機関の分離）した時、原原種生産を専門とする北海道立原原種農場を滝川市に設置しています。北海道は戦後の食料不足の中で崩壊した種子生産体制を素早く立て直してきたといえます。

そして五二年に種子法が制定されました。その後、北海道では六八年（昭和四三年）に水稲原種と採種のほ場の経営を団地化し、九五年（平成七年）に原原種の生産業務を道からホクレンに委託しています。さらに、国は九八年（平成一〇年）に経費の補助を一般財源化する種子法の改正を行いました。こうして六六年間続いた種子法による種子生産は、二〇一八年三月三一日に廃止となりました。

時代とともに変わる主要農作物の品種

北海道では、優れた特徴をもつ農作物品種を「北海道農作物優良品種」として認定・登録しています。北海道で登録される優良品種は、主要農作物のほかに小豆などの主要畑作物、てん菜などの工芸作物、たまねぎなどの野菜、果樹、花き、牧草、飼料用作物などが対象です。

毎年一月に開かれる北海道農業試験会議の成績会議で収量や病害虫の抵抗性、品質などに関する試験成績を評価した後、北海道優良品種認定委員会で決定しています。この中で主要農作物の優良品種の数は、終戦一二年目の一九五七年に水稲で三八、大豆で二六、小麦では一一品種もありました。その後六一年（昭和三六年）の農業基本法制定や水田減反政策、大豆の輸入自由化などがあり、優良品種の数は八〇～九〇年代、水稲は一六、大豆は一二、小麦は五品種まで減少しています。

しかし最近になりその数が増えています。理由は食の多様化に伴う用途別品種が増えたことです。水稲では家庭用、外食用に加え中食用などに適した品種の誕生により二〇一七年に二〇、大豆では種の色や大きさ

図５　主要農作物の優良品種数（北海道）

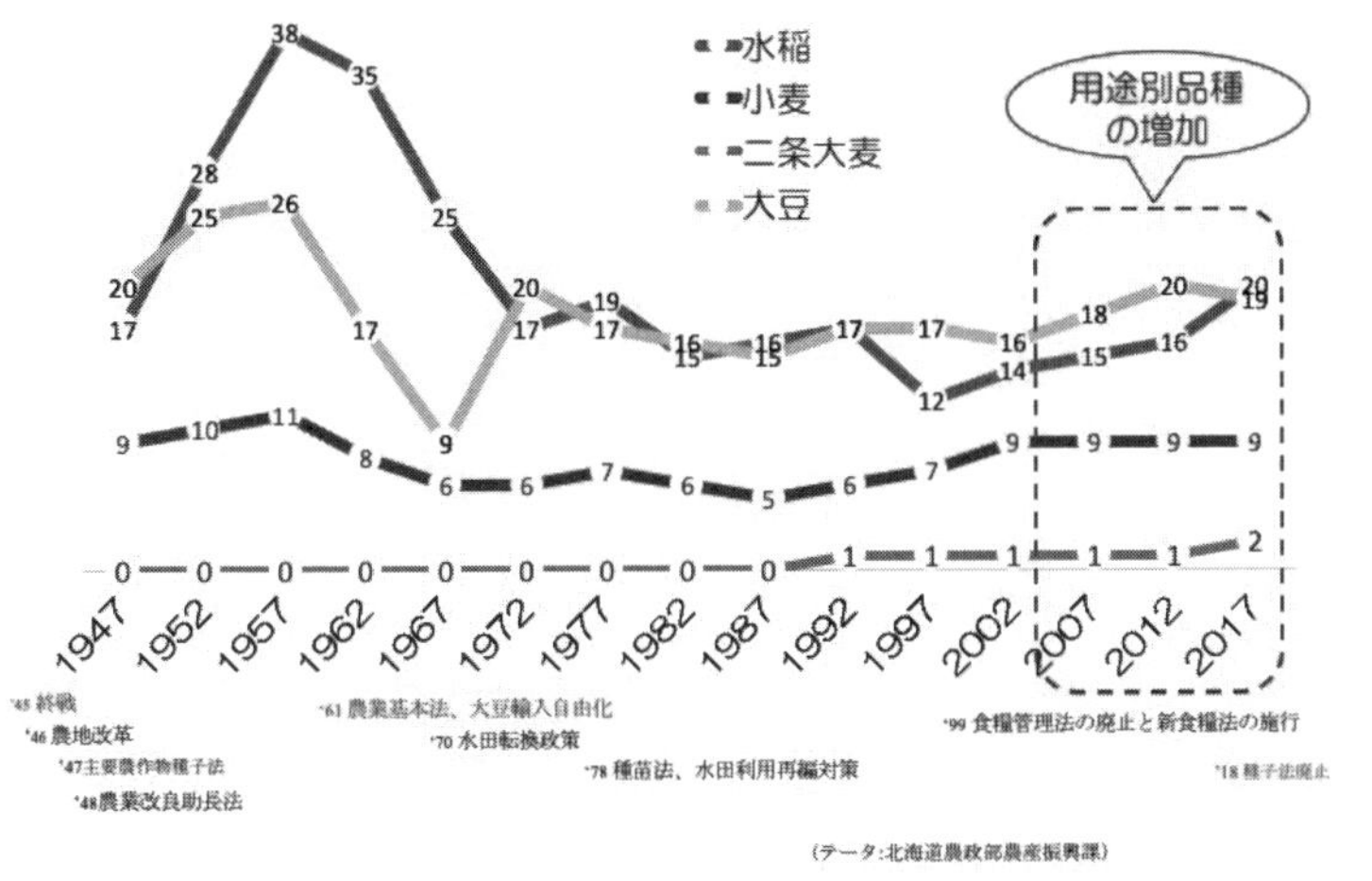

のほかに煮豆用や納豆用、豆腐用などで一九、小麦では麺用のほかパン用などで九品種までに増えました。このように優良品種の数と内容は、時代とともに変化しているのです（図５）。

種子法と品種改良

冒頭、北海道では主要農作物の種子生産と品種改良は一体の事業であるとお話しました。種子法第八条では地域に適した優良品種を決定するための試験を義務付けていますが、その前提として、都道府県ごとに大きく異なる気象や土壌条件、食文化に適した優良な品種が必要です。そこで地域に適した優良な品種が無かったため、その責任において国や都道府県の公設試験場が品種改良を行っていたのです。

一方で、民間育成品種もその優良性と普及性が試験成績から認められれば、公設試験場の品種と同じく優良品種に認定され、種子法のもとで種子生産と普及がされています。北海道では、農業団体であるホクレンが品種改良したパン用の春まき小麦「春よ恋」などの事例があります。
しかし、主要農作物の優良品種の多くが公設試験場から育成されていることも事実です。これには様々な理由と背景がありますが、理由のひとつとして、主要農作物が稲、麦類、大豆の穀物であり、自家受粉する自殖性植物であることです。一方、国内では大手の種苗メーカーが、海外では多国籍企業である「バイオ種子メジャー」が品種改良と種子販売を行う野菜やトウモロコシなどは、一般に他家受粉する他殖性植物であることです。

品種改良のことを専門用語で育種と呼びます。自殖性植物である主要農作物の品種改良の方法、つまり育種法は、一般に交雑育種法と系統育種法を組み合せて行います。一方の野菜やトウモロコシなどの育種法は、主に交雑育種法とヘテロシス育種法を利用します。

このうち系統育種法は、育種目標を決め人工的に交配した後に育種材料である系統の選抜と検定を繰り返した後、遺伝的に安定したひとつの種子を作るものです。一度優秀で遺伝的に特徴が安定し栽培地域に適した新品種ができると、適切な種子管理により何年も同じ品種を生産できる長所があります。

これら主要農作物も種苗法により品種保護がされていますが、例外として新たな品種開発のため交配と種子を購入した農家が自家の生産に限って種子としての利用が可能です。このほか様々な地域や用途に適した多様な品種ができることです。一方、品種改良には広いほ場、長い年月、多くの労力と費用が必要なことや、先ほど述べたように種子ひと粒が大きいため種子生産の効率が低いことが短所といえます。

一方、ヘテロシス育種法は、特別に組み合わせた両親を人工交配した雑種第一世代の種子から両親以上の優れた収量や品質などの効果を再現する技術です。これを専門用語では雑種強勢（ヘテロシス効果）と呼び、その種子を一代雑種（F1）種子やハイブリット種子と呼んでいます。

図6 大豆 ユキホマレの系譜

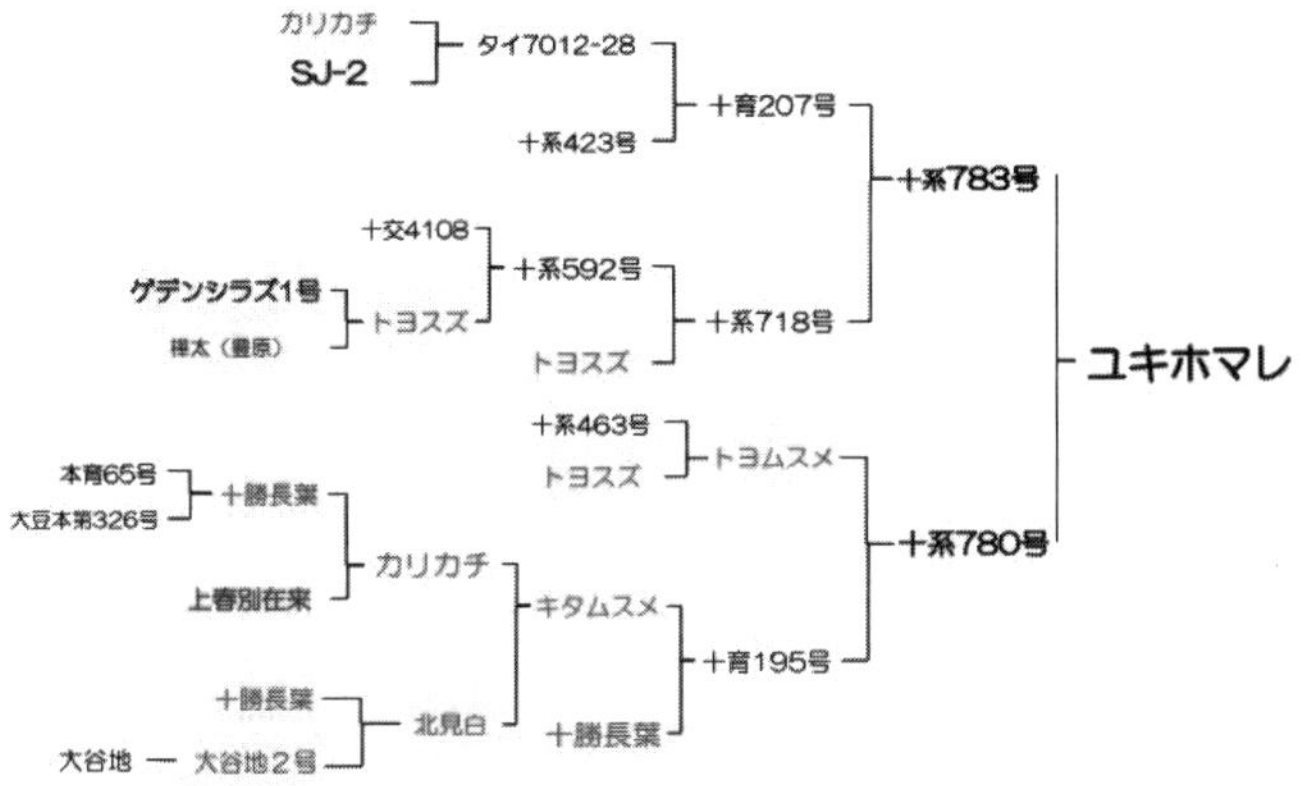

✓ 外国，府県，在来種，公設試の品種に由来

✓ 優良品種が，次の育種母本となる

野菜は一般に種子が小さく増殖率も高いため種子生産の効率は高いと言えます。一方の短所は一代雑種種子を自家採種して栽培しても収量や生産物の形、品質がバラバラとなることです。しかしこのことは一代雑種種子を毎年購入することにつながり、品種の権利保護と利益確保がしやすい長所となります。

このように作物の繁殖方法である自植性と他殖性の違いにより品種改良、種子生産、さらに品種の権利保護と利益確保のしやすさが異なることが、主要農作物は公設試験場、野菜やトウモロコシなどは民間種苗メーカーが行う役割分担があったのだといえます。

多様な遺伝資源を利用した品種改良

現在、北海道の「ゆめぴりか」や「ななつぼし」「ふっくりんこ」などは全国的にも有名な北海道ブランドの極良食味米です。しかし、ここに至るまでどのような品種改良を経て誕生したかを知る方は少ないと思います。北海道は二〇一八年に命名一五〇年を迎えますが、そもそも一五〇年前は主要農作物といえる稲、麦、大豆は作られていませんでした。今日の北海道農業の姿は、入植者が府県から持ち込んだ種子、その後篤農家により改良された種子、さらに公設試験場が海外や府県から取り寄せた種子を利用して、北海道がそれぞれの地域に適した寒さや病害虫に強い品種改良を現在まで積み重ねてきた成果といえます。

このように品種改良に利用する特別な特徴を持った、または潜在的にもつ種子を植物遺伝資源または遺伝資源と呼びます。そしてこの遺伝資源が果たした役割は、現在の品種の系譜を見るとよく分かります。

例えば「ゆめぴりか」の良食味の遺伝資源は、新潟県の「コシヒカリ」、カリフォルニア米の良食味米「国宝ローズ」に由来しています。また全国一の生産量を誇る麺用小麦の「きたほなみ」も耐病性や品質などの改良に、海外の遺伝資源を利用しています。もともと乾燥地帯である中東原産の小麦は、夏雨の多い日本や北海道に適した作物ではありませんでしたが、長年の品種改良により北海道の基幹作物になっています。

また同じく大豆においても、現在全国第二位の作付面積となった「ユキホマレ」は、タイ国の収穫期に莢が裂けづらい「SJ-2」や、東北地方のダイズシストセンチュウに強い「ゲデンシラズ1号」、現在のサハリン州に由来する早生で寒さに強い「樺太（豊原）」などの遺伝資源を利用して育成されています。系譜が分かるだけでも百年以上の時間をかけ先人たちが品種改良とそれに続く種子生産を積み重ねてきたことが見て取れます（図6）。

種子法を根拠に公設試験場が中心に育成した稲、麦、大豆の優良品種は、その時代の食料生産を担うだけでなく、次の世代が直面する地球規模の気象変動や食料問題に対応する新たな品種改良の育種素材である遺伝資源なのです。そして、これは国際的な公的研究機関や各国のジーンバンクによる遺伝資源のネットワークがあったからこそ、北海道において多様な遺伝資源の利用が可能でした。

図７　育種サイクル

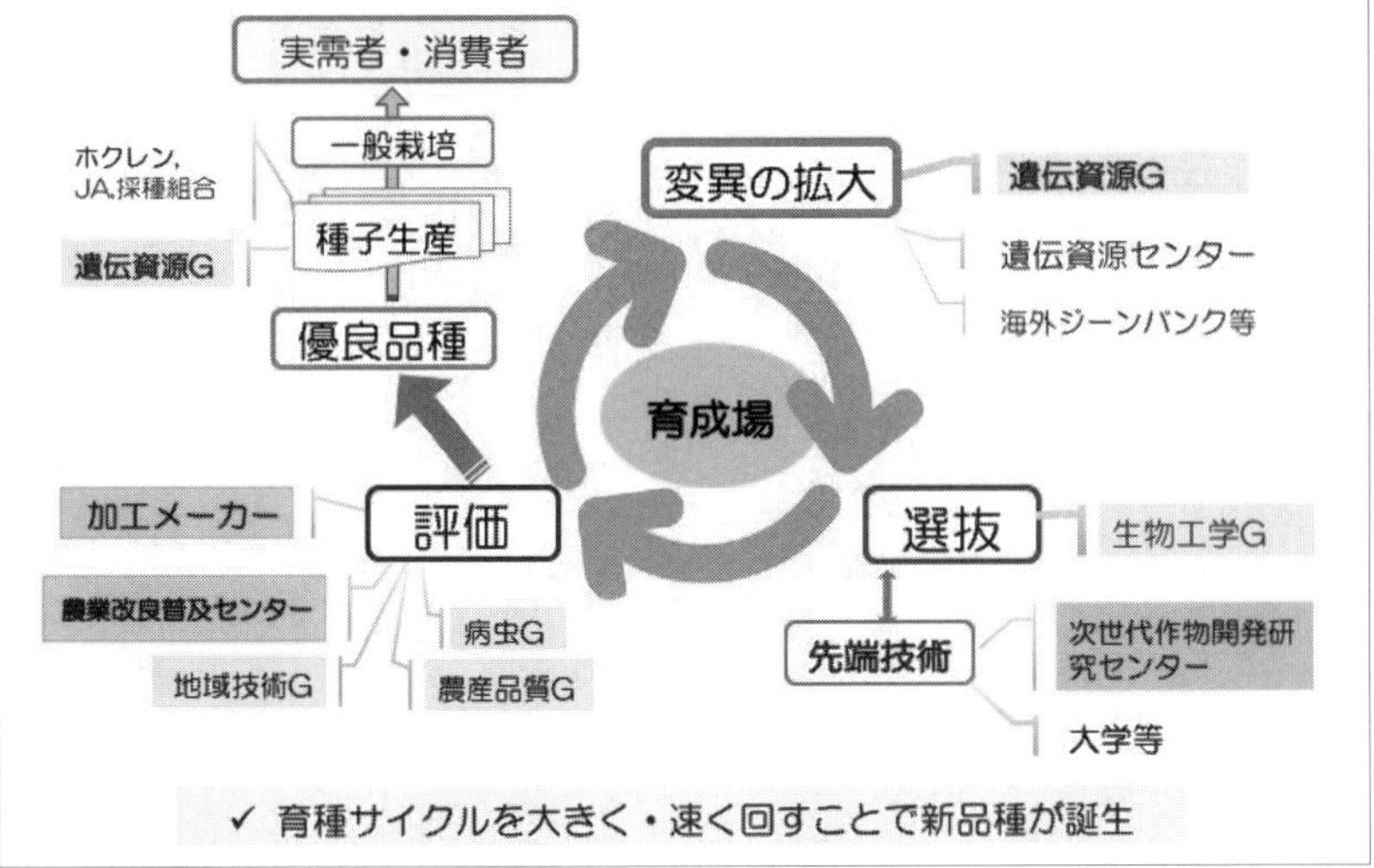

しかし種子法が廃止され、将来的に公設試験場の品種改良が縮小し、主要農作物の品種改良が国際競争のもとで最終的に極少数の多国籍バイオメジャーに独占された場合、新品種の種子が国連食糧農業機関（ＦＡＯ）の「人類共通の財産」とする遺伝資源として、再び国際的な遺伝資源ネットワークに公開されるのかが懸念されています。

北海道における主要農作物の品種改良

品種改良の中心となる育成場は、水稲では道総研の上川農試（比布町）と中央農試（岩見沢市）、国の独立行政法人・北海道農研センター（札幌市）です。小麦の育成場は、道総研の北見農試（訓子府町）、北海道農研センター（芽室町）、ホクレン農総研（長沼町）です。大豆は道総研の十勝農試（芽室町）、大麦はサッポロビール（網走市）です。

次に基本的な品種改良の流れを説明します。育成場は、最初に種子親となる母親品種と花粉親となる父親品種との交配を人工的に行い、両親の特徴をいろいろと組み合わせた個体をたくさん作ります。すなわち交配によって遺伝的変異を拡大します。

そして、その個体や系統の中から目標とする個体を選抜した後、有望な系統について収量性や病気の抵抗性に関する試験などを実施して、より詳しくその能力を評価します。このような育種母本の交配、系統の選抜と検定、有望な系統の評価と続く流れを「育種サイクル」と呼んでいます（図7）。

新しい遺伝資源を利用した場合、一回目の育種サイクルで新品種になることはほとんどありません。前の育種サイクルで選んだ有望な系統を「中間母本」と呼びますが、これを母本として再び交配して次の育種サイクルを開始します。ひとつの育種サイクルに五〜六年の時間を要します。これを二回から三回ほど繰り返すことでやっと育種目標に達した新品種候補系統ができます。その後さらに三年以上かけて有望系統の能力を確認します。このためひとつの新品種が誕生するまで一〇年以上かかってしまうのです。

公共財としての種子

種子法第八条の優良な品種を決定するための試験の具体的内容をもう少し詳しく紹介します。品種改良の終盤で、優良品種候補となった「有望系統」を栽培が見込まれる地域において前もって能力評価する二つの試験があります。

ひとつ目は奨励品種決定基本調査、もうひとつは奨励品種決定現地調査です。基本調査は育成場以外の各地域の農業試験場で三年以上実施されます。現地調査は、さらに広い地域の農業改良普及センターと試験ほ場を提供する農家や地域農業技術センター、ＪＡの協力を得て二年以上実施します。

基本調査の実施場所は、水稲が道南農試と北農研センターで、小麦が十勝農試、上川農試、中央農試、北農研センター、大豆は中央農試、上川農試、道南農試、北見農試です。また現地調査は、さらに多く水稲で約一一カ所、秋播小麦で約二二カ所、大豆で約一四カ所あります。

一方、新品種候補系統の食味、外部や内部品質、加工適性などについても、それまでの小規模な実験室での試験から実需者である道内外の複数の食品加工メーカーに、実際の加工ラインを用いて試作試験をお願いしています。

このように有望系統は、農家に重要な農業特性と食品加工メーカーや消費者の方に重要な加工適性や食味に関する試験が必ず行われ、その成績の良否により新品種候補系統として成績会議に提案するか否かを判断しています。優良品種の育成に多くの時間と手間がかかってしまいますが、広く地域の生産者、国内の実需者や消費者の協力と評価を受けるからこそ種子法の優良品種は「公共財」といえるのです。

高い純度を確保する育種家種子

有望系統が北海道の優良品種に認定された後、つまり品種改良の完了後に最初の種子である「育種家種子」が作出されます。この作業は中央農業試験場遺伝資源部が担当しています。なぜならこれを育成場で行う場合、非常に多くの品種や系統を扱うため、種子の自然交雑や異品種混入のリスクがあることや品種改良とは異なる種子生産のノウハウが必要なためです。

この「育種家種子」は、育成場で選抜が完了した「基本系統」と呼ばれる種子を育成場と遺伝資源部で折半して栽培し、突然変異や自然交雑による異型や病気の有無を検査して、健全な系統の種子だけを混合して作られます。このように育種家種子は、品質のダブルチェックにより高い純度を確保しています。これをもとに原原種種子の生産が行われます。

水稲を例に紹介すると、滝川市にあるホクレン種苗生産センターがこの育種家種子を栽培して原原種を生

図８　水稲の種子生産体系

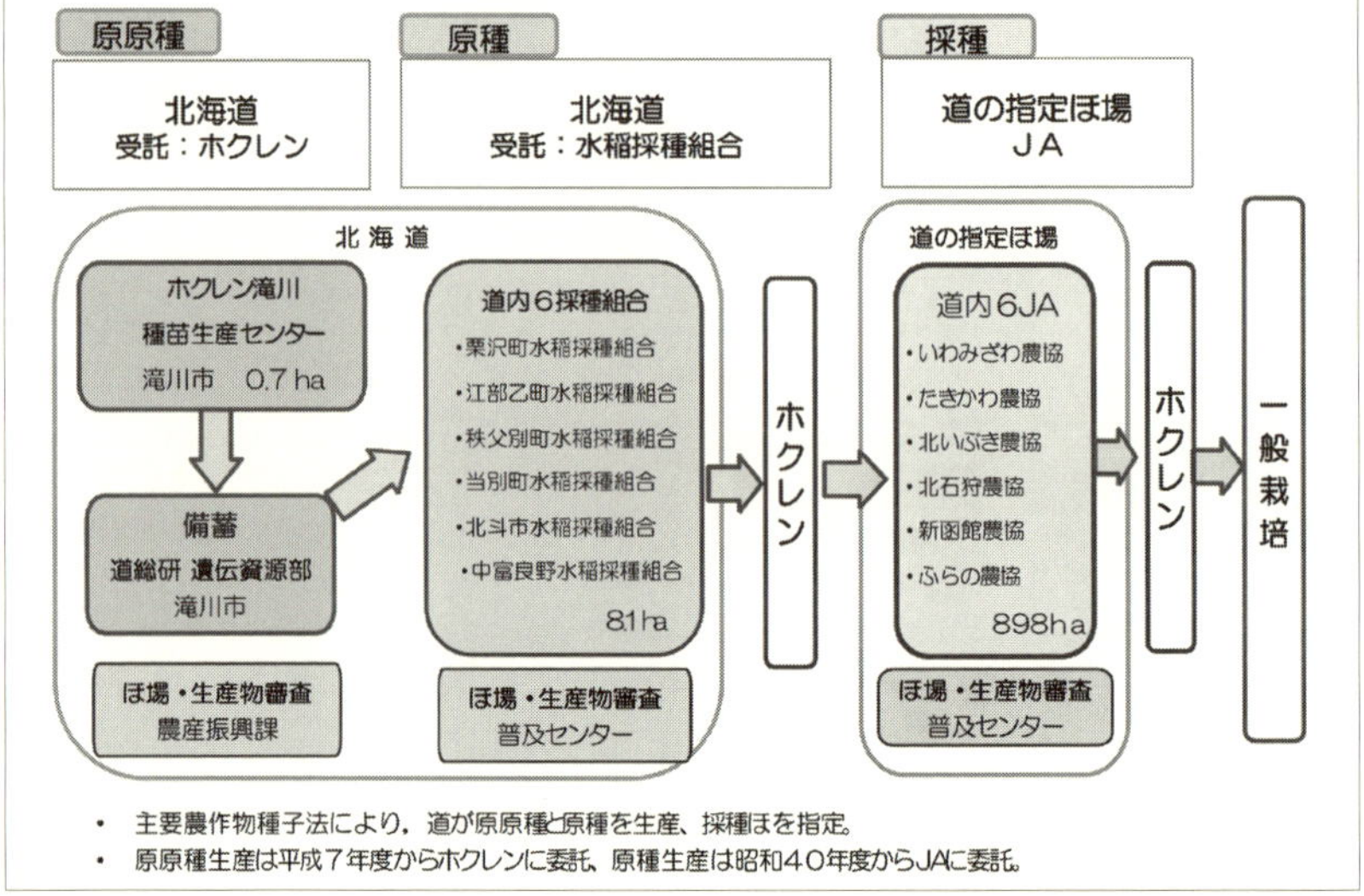

産します。この原原種を各地の水稲種子生産組合が栽培して原種を生産します。この原種は、さらに道内六カ所の道が指定するＪＡの採種ほ場で一般種子を生産します。水稲の原種生産は、岩見沢市、滝川市、秩父別町、当別町、北斗市、中富良野町にある採種組合で行っています。その次の採種生産も同じ市町にあるいわみざわ、たきかわ、北いぶき、北いしかり、新はこだて、ふらのの各ＪＡが担っています。麦類や大豆も生産地は異なりますが、同じ種子生産の流れです（図８）。

種子の品質と安全を守る審査

次に種子の品質と安全を確保する取り組みを紹介します。優良な種子として流通するものは、これまで種子法にもとづく審査に合格したものだけです。しかし、この審査に合格することはプロの種子生産農家にとっても簡単ではありません。

それは主要農作物の種子は、自然の中で開放された水田や畑で生産することから、人為的または

図9　ほ場審査基準

（主要農作物種子法事務取扱要領・別記3）

	変種、異品種及び異種類農作物の混入程度	雑草の混入程度	種子伝染性病虫害の発生程度	その他の病虫害及び気象被害の発生程度	生育状況
共通	混入なし	ほとんど混入なし	発生なし	ほ場の20%以下	異常生育なし
稲	混入なし	ほとんど混入なし	発生なし	いもち病は，ほ場の0.04%以下	異常生育なし

稲10株/水田10a

生産物審査基準

	発芽率	混入程度				
		異品種類	異種穀粒	雑草種子	種子伝染性病虫害粒	その他の病虫害粒
稲	90%以上	混入なし	混入なし	0.2%以下	混入なし	0.5%以下
麦類	80%以上	混入なし	混入なし	0.2%以下	混入なし	0.5%以下
大豆	80%以上	混入なし	混入なし	0.04%以下	混入なし	10%以下

道基準では90%以上

機械的な異品種の混入、自然突然変異や離れた場から飛来した花粉による自然交雑、突発的な病害虫の発生などの種子事故が、どうしてもゼロにできないのです。しかしそのリスクをできるだけ回避するため、種子法では生育期間にほ場に入って行うほ場審査と生産した種子を検査する生産物審査を義務づけています（図9）。ほ場審査は、各作物とも生育期に二回行います。審査基準にはいろいろありますが、重要な基準のひとつに種子伝染性の病害がないことがあります。

　配付される種子から病害が広がってしまったら、現場の農家に多大な迷惑をかけます。種子は病害虫に侵されていないことが基本です。水稲のいもち病では、〇・〇四%を超えて発生していないこと、これは面積一〇アール当たり二万五〇〇〇株に一〇株以下の厳しい基準です。またほ場審査に先立ち、種子生産者は草丈が異常に長い短い、葉の色や形が異なる異型株や突然変異株など抜き取る「異型抜き」作業を何度もきめ細かく行っています。

生産物審査では、発芽率は稲と麦が九〇％以上、大豆は八〇％以上が合格基準です。種子法では麦の発芽率は八〇％以上ですが、北海道では独自に稲と同じ九〇％以上の厳しい基準にしています。

このほか道農政部や農業改良普及センター、農業団体などが協力して、種子生産農家を対象に講習会を毎年開き、新品種の特徴や栽培管理、病害虫防除の情報を伝えています。また水稲採種組合では、水稲の自然交雑のリスクを減らすため、種子生産農家と周辺の一般生産農家が協力して、栽培できる品種は一農家二品種まで、さらに同じ品種を一カ所に集めて栽培する団地化に取り組んでいます。

このように種子法の種子は、種子生産農家と関係機関や地域全体が連携して品質と安全性を守っているのです。

種子の安定供給を支える種子協議会

北海道をはじめ私ども道総研中央農試、ＪＡ北海道中央会、ホクレン、各地の種子生産や集荷団体、米麦改良協会、豆類種連協、北海道農研センターなど主要農作物にかかわる多くの関係機関が種子生産をサポートしています。これら一二の関係機関が、「北海道種子協議会」をつくり、種子の安定供給のため品目ごとに毎年二回、種子需給の見通しや原原種ほ、原種ほ、採種ほの設置などを協議して、種子計画を策定しています。この協議会の事務局は、道農政部農産振興課が担っています。

このほかの種子の安定供給対策として、北海道では備蓄事業を続けています。作物である種子は、どうしても毎年の気象の影響を受けて豊作や不作があります。さらに大冷害や台風などの気象災害の発生によっては、翌年に播く種子が生産できない危険もあります。そこで中央農試遺伝資源部では、道の委託を受け育種家種子と原原種を冷蔵備蓄保存しています。

洗練された種子法のシステムが機能した「ゆめぴりか」の普及

北海道の優れた種子生産システムである「(種子の)予備増殖」の事例をご紹介します。これは種子法と同じく、一九五二年(昭和二七年)に開始され現在まで続く北海道の事業です。この予備増殖は、正式には「新優良品種普及事業」といい、優良品種に認定される前の有望な新品種候補系統の種子を前もって予備的に増やします。

これにより、順調に優良品種に認められた年に原原種や原種に相当する種子が準備されて、翌年から採種生産ができるようになります。この予備増殖により、農家や実需者、消費者が期待する新品種をスピーディーに一般生産できるのです。

また新品種の栽培技術の普及、実需者による試作試験と消費者への市場調査にも活用できるため、生産現場や市場の評価を見極め、種子協議会における種子計画の調整にも利用できるのです。

最近では、水稲の「ゆめぴりか」が良い事例です。この事業により二〇〇六年(平成一八年)から遺伝資源部で予備増殖を行い、新品種に認定された〇八年に採種ほ場で二〇ヘクタールを栽培し、〇九年に一般生産農家が約三〇〇〇ヘクタールを栽培しています。新品種認定から三年目の一一年に約四〇〇〇トンの種子を確保し、翌一二年に一万二千ヘクタールまで一気に栽培面積を増やすことができました。米農家の高い栽培技術と洗練された種子生産システムがうまく連携したことが、現在の「ゆめぴりか」ブランドの確立に貢献できたと考えられます。

ます。

主要農作物種子は次の世代につなぐ公共財

まとめになりますが、種子法にもとづき地方自治体は、品種改良と種子生産を一体の事業として取り組んでいます。ですから種子法で扱う主要農作物の優良種子は「地域の農家が栽培できる公共財である」といえます。

さらにこれら優良種子は、「次の新しい優良品種をつくるための育種素材（遺伝資源）」です。FAO総会では、「植物遺伝資源は人類の共有財産で、制限なく自由に利用できもの」と提唱しています。一方、種苗法では知的財産権として登録品種などの利用を専有する育成者権を認めていますが、例外として新たな品種改良への利用も認めています。つまり公共財である優良種子（優良品種）の品種改良への利用は、公共の目的であれば民間事業者も含め今も可能なのです。

一九五二年に制定された種子法は、国民の食料を確保する食料安全保障に対する国の意思であり、その実行を生産現場である都道府県に義務づける法的根拠であったといえます。この国の意思と法的根拠があって都道府県は、関係機関との連携により品種改良と種子生産のシステムを維持し主要農作物種子の品質確保と安定供給ができたといえます。

種子法廃止後の課題はこの裏返しといえます。主要農作物の種子が公共財として一〇年後、二〇年後もあり続けるのか。公設試験場によるオープンな品種改良が縮小し、代わって多国籍企業の「バイオ種子メジャー」による閉じられた品種改良が主体となったとき、遺伝資源としての利用に制限は生じないのか。これまでの国民が広く薄く費用負担し種子価格を抑えた種子生産システムが継承できるのか。さらに、地球温暖化による気象変動、新たな病害虫など脅威に備えた地域性の高い品種改良を誰が将来担うのか、などを個人的に危惧しています。

二〇一八年三月三一日の種子法廃止を契機に、私たちの命の源を支える稲や麦、大豆などの種子について改めて考えたいと思います。

田中義則（たなか・よしのり）
一九六一年、十勝管内音更町生まれ。帯広畜産大学大学院を卒業後、北海道立十勝農業試験場に研究職員として配属。主に大豆の品種改良と栽培に関する研究に従事し、現在の大豆基幹品種「ユキホマレ」「ユキシズカ」など延べ一四品種の育成に携わった。二〇一六年から現職。

5 種子法はなぜ廃止されたのか

新聞記者・編集者
安川誠二

ＪＡと農水省を切り離す減反政策

稲、麦類、大豆の優良な種子を安く安定的に生産し、農家に供給するための法律、主要農作物種子法（種子法）が二〇一八年三月末で廃止されます。昨年の通常国会で衆参両議院合わせて、たった一二時間の審議で種子法廃止法案を可決したのです。

安倍政権はアベノミクスの成長戦略の一つに農業分野を掲げ、農協改革を進めるなど次々と規制緩和を進めています。その流れの中で、種子法は国会でろくな審議も経ずに廃止されてしまったのです。では、なぜ政府はそうも急いで種子法を廃止したのか、詳しく見ていきます。

種子法が廃止される最初の引き金となったのは、二〇一三年一一月に安倍首相を本部長とする「農林水産業・地域の活力創造本部」が、減反政策を五年後の二〇一八年度に廃止する方針を正式に決定したことでしょう。ここで安倍首相は「生産調整の見直しで農家が自らの経営判断で作物をつくれるようにする農業を実現する」と話し、翌一四年一月の施政方針演説で「いわゆる減反は廃止する」と明言したのです。

この減反は国（農水省）が主導して、毎年、都道府県に主食用米の生産量の目標となる「生産数量目標」を配分する政策ですが、数量を積み上げていく実務は生産者と直接つながっている地域のＪＡ（農協）が行ってきました。ですからこの減反政策は国と地方自治体、全国のＪＡグループが綿密に連携しながら進めていたのです。

減反の廃止は「農家自らの経営判断」を促す狙いがある一方で、今まで連携してきた農水省とＪＡグループとの関係を切り離そうという安倍政権の意図があったことは間違いありません。

農協改革で全中の弱体化図る

というのも、民主党を破って政権に返り咲く二〇一二年一二月の衆院選で自民党は、環太平洋連携協定（ＴＰＰ）の交渉参加には大反対を唱えていました。ＪＡグループもＴＰＰには反対の立場を貫いていたので、ＪＡはグループを挙げて自民党を支援しました。

しかし翌一三年二月に米国・オバマ大統領と会談した安倍首相はＴＰＰについて「聖域なき関税撤廃が前提ではないとの認識に立った」とし、三月には手のひらを返したようにＴＰＰ交渉の参加を表明したのです。これに対してＪＡグループは「話が違うじゃないか」とばかりに激しい反対運動を全国各地で展開しました。

さらに安倍首相の諮問機関である規制改革会議（現・規制改革推進会議）は、首相が施政方針演説で減反廃止を明言した一四年の五月に「農業改革に関する意見」を発表し、農協制度の改革を政府に提言したのです。この「意見」は農協改革を柱に据えており、「全国農協中央会（全中）の指導・監査権がＪＡの自主性を阻害している」として、全中のＪＡに対する指導・監査権を廃止することを掲げていました。

全中はＪＡグループの指導的な立場にある組織です。農協改革はＪＡに自主性を持たせて農家にも自ら経営判断できるようにするものですが、その一方でＴＰＰの反対運動を主導する全中の政治力をそぐことも狙っていました。

この「意見」に対して全中は、自らが事務局となっている日本協同組合連絡協議会（ＪＪＣ）名ですぐさま、「協同組合の自主・自立を考慮しない一方的な制度改変」だとして、「強い懸念」を示す共同声明を発表しました。しかし全中は安倍政権に押し切られ、規制改革会議が提言した「意見」に沿う形で二〇一五年八月に改正農協法が成立し、全中の政治力は弱体化させられました。

減反を含め農水省はＪＡグループと足並みをそろえて農業政策を進めてきましたが、官邸主導で進める安倍農政は減反廃止と農協改革を断行し、農水省とＪＡグループを分断する形で農業分野での規制緩和を大きく進めていったのです。

規制緩和で稲など主要農作物の分野に新規参入を目論む民間企業にとっては、減反廃止が決まった二〇一三年から廃止が実施される二〇一八年春までの約五年の時間は貴重でした。その間に参入に向けた戦略を立て、また研究・開発に時間を割けるからです。二〇一七年の国会で種子法廃止法案を可決したのも、一八年度の減反廃止に伴う民間企業の新規参入を促したかったからなのでしょう。

国際的にはＴＰＰが種子法廃止の引き金に

国内的な種子法廃止の引き金が減反の廃止だとすれば、国際的には二〇一五年一〇月五日、日本を含む交渉一二カ国が交わしたＴＰＰの大筋合意でしょう。その大筋合意を受けて政府は一一月二五日、「総合的なＴＰＰ関連政策大綱」を決定しました。

「大綱」では農業の国際競争力を強化し、「攻めの農林水産業」を目指すとしました。農業の産業化を明確に打ち出したのです。これは農業をアベノミクスの成長戦略として位置付け、国内政策として行った規制緩和の「減反廃止」と「農協改革」と連動しています。

「大綱」では農家の所得向上につながるよう機械や肥料などの生産資材の価格形成の仕組みの見直しに着手しました。価格形成の見直しは一言でいえば、生産資材の価格引き下げを意味しているので、既存の農家の所得向上のためというよりは民間企業の参入機会を増やすことが目的なのは明らかです。

二〇一六年二月四日、交渉参加国がＴＰＰに署名しましたが、そこで注視しなければならないのは、署名と同時に日米が交わした交換文書〈サイドレター〉の存在です。このサイドレターは公式な政府間文書です。その中では二国間による並行協議を盛り込むとともに、規制改革会議を両国の調整機関と位置付けたのです。文書には「日本国政府は（略）外国投資家その他利害関係者から意見及び提言を求める。意見及び提言は、その実現可能性に関する関係省庁からの回答とともに、検討し、（略）定期的に規制改革会議に付託する。日本国政府は、規制改革会議の提言に従って必要な措置をとる」と記されています。

規制改革会議はその名の通りに、これまでの規制を大幅に緩和し公共が担っていた分野を市場原理に委ねようとする新自由主義的志向の民間委員が多数占めています。農業所得の増大を目指した農協法の改正も、この規制改革会議が提言した「農業改革に関する意見」が発端でした。

規制改革会議は日米両政府から規制改革を進める調整機関と位置付けられたことから、大手を振って矢継ぎ早に規制緩和を求める政策提言を続けています。ある国会議員はこの規制改革会議の民間委員について、こうこぼしたそうです。「国会で法律を作って政策を進めるのが議員の仕事だが、規制改革会議の民間委員になった方が政策を通しやすい。自らの意のままに動かせる会議好きの安倍首相の威を借りて好き勝手にやっている」

種子法が廃止の俎上に

TPP署名を受けて二〇一六年四月には衆院TPP特別委員会で承認案を審議するものの、野党が公開を求めた交渉記録について政府は、黒塗り資料を提出するなど情報公開に後ろ向きだったために審議が中断し、早々に継続審議となったのです。

そのTPPが再度審議される臨時国会前の九月二〇日、規制改革会議から衣替えした規制改革推進会議の農業ワーキンググループ（WG）が「民間企業も優れた品種を開発してきており、国や都道府県と民間企業が平等に競争できる環境を整備する必要がある」として、この時点で種子法に触れてきました。

九月二七日から臨時国会でTPP承認案の与野党攻防が始まると、一〇月六日に開かれた第四回規制改革推進会議・農業WGと未来投資会議（旧・産業競争力会議）の合同会合の場で、「総合的なTPP関連政策大綱」に基づく施策の具体化に向けた基本的方向が提案され、生産資材価格の引き下げについて突っ込んだ内容が示されたのです。

その内容とは、「生産資材に関する各種法制度（肥料・農薬・機械・種子・飼料など）について、国は定期的に総点検を行い、国際標準に準拠するとともに、生産資材の安全性を担保しつつ、合理化・効率化を図るものとする。特に、合理的理由のなくなっている規制は廃止するものとする」「戦略物資である種子・種苗については、国は、国家戦略・知財戦略として、民間活力を最大限に活用した開発・供給体制を構築する。そうした体制整備に資するため、地方公共団体中心のシステムで、民間の品種開発意欲を阻害している主要農作物種子法は廃止する」というものです。

「民間活力を最大限に活用した開発・供給体制を構築する」というのであれば、その文言を種子法の中に加えるなどの改正や修正をすれば済む話で、稲、麦類、大豆の優良な種子を安定的に生産してきた法律をいきなり廃止する理由にはならないと思います。

種子を公共財から戦略物資と位置付け

廃止の議論はさらに加速し、一一月一一日に開かれた第八回規制改革推進会議・農業WGと未来投資会議の合同会合では、一〇月六日の提案を正式決定しました。一一月二九日には政府・与党が決めた農業競争力強化プログラムの中に、生産者の所得向上につながる生産資材価格形成の仕組み見直しとして一〇月六日の提案内容を明記したのです。

政府が種子法廃止を急いだのは、先ほども述べましたが二〇一八年度で減反政策を廃止することで、一八年産米から民間活力を導入させようとしたからに他なりません。一八年産米から民間の開発した種子を多くの生産者に使ってもらうためには、種子法を一七年度中になくさないといけなかったのです。となれば一七年一月からの通常国会で種子法を廃止する法案を提出する必要があったのです。ですから政府は一六年から一七年にかけて種子法廃止に向けて突っ走ったのです。

安倍政権はTPP反対を公約にして大統領選に臨んだトランプ大統領をテーブルの席に着かせようと、一二月九日には国会で強行採決をしてまでTPP承認案・関連法案を成立させました。

TPPの協定文の中にも、「大綱」で明記している「戦略物資」としての種子に関する条文が盛り込まれました。第一八章「知的財産」の中に、一九九一年改訂により企業側に有利な育成者権を保護した「植物の新品種の保護に関する国際条約」(UPOV＝ユポフ条約)の批准の義務化を規定したのです(以下、UPOV1991条約)。

モンサント社(米国)などの遺伝子組み換え企業や製薬企業などバイオテクノロジー企業が加盟するロビー

団体「ＢＩＯ」（バイオ）は二〇〇九年、米国通商代表部にＴＰＰに関する要望書を提出しました。その中の一つに「種子企業の知的所有権優越の順守を規定するＵＰＯＶ１９９１年条約の批准を義務付けること」を掲げていたのですが、ＢＩＯの要望がそのままＴＰＰの協定文に盛り込まれたのです。

このＵＰＯＶ１９９１年条約とは植物のすべての遺伝子が企業の特許になるように改正されたもので、日本は一九九八年に批准をしています。種子を扱うバイオテクノロジー企業は特定の種子を企業の知的財産と規定して、生産、増殖、販売、輸出入を行う独占権を持てるため、その種子を使いたい生産者は特許使用料を払う必要が出てくるのです。

日本も批准した年に国内の種子企業の権利を保護する種苗法を全面改正し、その後も育成者権を強化しています。アジアでは日本のほか中国、韓国、ベトナム、シンガポールが批准していますが、ＴＰＰ参加国のニュージーランドやメキシコ、チリ、マレーシア、ブルネイは加盟していません。

ＵＰＯＶ１９９１年条約が民間企業による種子の独占を進めるものと危惧している国も多く、条約に加盟するのは七四カ国にとどまっているのが現状です。

与党議員も疑問視した種子法廃止

そして農水省は二〇一七年一月三〇日、第九回規制改革推進会議・農業ＷＧに種子法を廃止するための法整備を自ら提示し、「種子については世界的にも戦略物資として位置付けがなされているので、民間事業者によって、生産供給が拡大していく」との説明をしました。

実は農水省は二〇〇七年の国会で、「民間の新品種が奨励品種になることが極めて困難、阻害要因となるとの指摘もあるが」と問われ、「本制度が新品種の種子開発の阻害要因となっているとは考えていない」と答弁しているのです。一〇年後の農水省はその答弁と一八〇度態度を変えて、自ら廃止するための法整備を提示したのです。

そこには官邸主導の安倍農政に抗することができない農水省、官邸と歩調を合わせてＪＡグループと距離を置く農水省の姿があります。また農水省はこの場で、農産物流通の合理化や農薬など生産資材価格の引き下げを促す農業競争力強化支援法案についても、合わせて説明したのです。

後で述べますが、種子法廃止とこの支援法は民間企業の農業分野への新規参入の大きな足掛かりとなるので、セットで考えるべきでしょう。この一連の流れで政府は、種子を国民の安定的な食料を供給する公共財としてとらえるのではなく、アベノミクスの成長戦略を推し進めていくための有効な戦略物資と位置付けていることが明らかになってきました。これは規制改革推進会議の主張とも一致しています。

二〇一七年二月一〇日に種子法廃止法案が閣議決定され、四月一四日に衆参両院合わせて一二時間の審議でこの廃止法案を可決しました。閣議決定の際、政府は「最近における農業をめぐる状況の変化を鑑み、主要農作物種子法を廃止する必要がある」(内閣法制局)との見解を出しましたが、廃止する根拠を示す見解としてはあまりに中身がなく、国民に説明責任を果たしているとは到底言えません。初めから廃止ありきだったと言われても仕方がないでしょう。

ただ参議院農林水産委員会が廃止法案を可決した際に、法案に賛成した自民、公明、日本維新の会の三党と民進党が共同提案した付帯決議も採択されました。

付帯決議は種子法について「種子の国内自給の確保及び食料安全保障に多大な貢献をしてきた」とその役割を大きく評価した上で、①種子生産について適切な基準を定めること②都道府県の取り組みが後退しないよう財政措置を確保すること③種子を国外に流出させず適正価格で生産すること④特定事業者に種子独占をさせないことを明記しました。

この決議は、廃止法案に賛成した与党議員からも廃止について異議を唱えたものと言ってもいいでしょう。そこには国会を軽視し、規制改革推進会議と官邸が推し進める安倍農政を疑問視する与党議員が少なからず存在することの現れです。

民間企業のための農業競争力強化支援法

種子法廃止が決まった一カ月後の五月一二日には農業競争力強化支援法も成立しました。支援法は農業競争力強化プログラムを実行に移すための具体的な施策で、八月から施行されました。支援法八条には「国は良質かつ低廉な農業資材の供給を実現する上で必要な事業環境の整備のため、次に掲げる措置その他の措置を講ずるものとする」と記されました。

その八条四項にある種子その他の種苗に関する項目を読んで、目を疑いました。そこには「民間事業者が行う技術開発及び新品種の育成その他の種苗の生産及び供給を促進するとともに、独立行政法人の試験研究機関及び都道府県が有する種苗の生産に関する知見の民間事業者への提供を促進すること」と明記されていたのです。

この内容は行政が持っている公共財を民間に払い下げることを法律で定めたようなものです。公共財の払い下げを法律で明記しているのですから、森友・加計問題よりもたちが悪いかもしれません。

さらに日本はＵＰＯＶ１９９１年条約を批准し国内の種苗法で育成者権を強化していますから、今後払い下げられた種子の知見を使って民間事業者が新しい種子を開発して特許を取得すれば、二重においしい話となるわけです。ですから繰り返しになりますが種子法廃止と農業競争力強化支援法は、どちらも既存の農家の所得向上に寄与しないことがここでも明白に言えるのです。

支援法に書かれた「都道府県が有する種苗の生産に関する知見の民間事業者への提供を促進すること」は何を意味するのでしょう。この文面から読み取れるのは、「だれのための種子法廃止なのか」ということです。それは国民のためでなく新規参入する民間企業のためなのは推して知るべしです。

種子生産に公的予算を付ける根拠法である種子法がなくなり、民間企業に主要農作物の種子生産を委ねれば安定的な種子生産ができなくなる可能性もあり、食料安全保障にも悪影響を及ぼします。民間企業はコストに見合わない米は開発しません。するとこれまでのように地域の環境・風土に適合した多様な種子生産ができなくなり、輸入米が増加するなどして食料自給率がさらに低下することも危惧されます。

民間企業が開発した種子はハイブリッド米のため、価格は国や府県が開発した種子より高く、今までよりも種子価格は上がるでしょう。これでは「良質かつ低廉な農業資材の供給を実現」する支援法の目的とは相反する状況が生まれかねません。そもそもですが、種子法廃止が既存の農業者の所得向上にどうつながるのか、政府から明確な説明が一切ないことも問題ではないでしょうか。

稲の種子開発に乗り出す民間企業

政府は「種子法が民間事業の開発意欲を阻害している」と説明していますが、決してそんなことはないのです。一九八六年に種子法を改正して民間企業が参入できるようになりました。その当時は中曽根政権で、規制緩和を進める「前川レポート」が注目されたように種子法改正もその流れの中にありました。

ですからすでに民間企業による稲の品種開発は始まっており、三井東圧化学（現・三井化学アグロ）は二〇〇〇年に「みつひかり」、日本モンサントが〇五年に「たべごこち」「とねのめぐみ」、住友化学が〇八年に「コシヒカリつくばSD1号」、一〇年に「コシヒカリつくばHD1号」を種苗法に基づき品種登録しました。いずれも農薬や肥料など生産資材を取り扱う企業です。

「みつひかり」は一六年実績で三八都府県、一五〇〇ヘクタールに作付け、一〇アール当たりの平均収量は七四八キロでした。一般の米の平均収量は五四六キロ（二〇一七年産米）だったので、四割近くも増収が見込めます。「みつひかり」は米卸の神明（神戸）を通じて牛丼チェーン・吉野家に販売しており、三井化学アグロでは多収穫、作期分散、業務用で「コシヒカリ」などのブランド米との差別化を図っていくようです。

トヨタグループの商社・豊田通商は二〇一二年に愛知県の水稲種子ベンチャーに出資し、一五年に多収米「しきゆたか」の販売に乗り出しました。一六年は四三〇ヘクタールを栽培し、一七年は六〇〇ヘクタールを計画していました。

種子法廃止法案が閣議決定された直後の一七年三月には、日本モンサントが「ほうじょうのめぐみ」、住友化学が「コシヒカリつくばSDHD」を新たに品種登録しました。ちなみに水稲種子の平均的な価格は一キロ四〇〇円前後ですが、種子法という種子生産を支える根拠法があるから、この価格を維持できているのです。民間が開発した「とねのめぐみ」は八六四円、「しきゆたか」は三八五〇円、みつひかりは四〇〇〇円と二倍から一〇倍もするのです。

ちなみに住友化学といえば二〇一〇年にモンサント社と提携し、同社の販売網を通じて南米などでモンサント社の除草剤販売に協力しています。また同社社長・会長を務めた米倉弘昌氏は二〇一〇年から四年間の日本経団連会長時代にTPP推進の旗振り役を務めていた人物です。

進む「ゲノム編集」での育種

安倍政権は二〇一七年九月、「戦略的イノベーション創造プログラム」を作成し、「次世代農林水産業創造技術　研究開発計画」を打ち出しました。これも農水省が所管ではなく内閣府が主導して進める計画です。「次世代農林水産業」と銘打っているのですから、農水省が主体的に取り組んでもおかしくないのですが、ここでも官邸主導なのです。

この計画の中には新しい遺伝子組み換え育種技術「ゲノム編集」による多収米の育成も盛り込まれています。この技術を使ってコストを低減し、農地を麦・大豆・飼料米に振り分けることで食料自給率向上と世界の食糧問題の解決に寄与するとしています。政府はゲノム編集での米開発を進めることで、国民の種子法廃止による食料安全保障と食料自給率低下への懸念を払拭できると考えているのでしょうか。

このプラグラムに呼応するように、国の研究機関「農業・食品産業技術総合研究機構」(農研機構、つくば市)は一〇月、ゲノム編集技術を使って収量増を図る稲を、国内初の野外栽培で収穫しました。また北海道大学などの研究グループでも大豆でゲノム編集技術を使い大粒になるよう遺伝子改変に国内で初めて成功しています。

今までの遺伝子組み換え技術といえば、収量アップなど生産者側のメリットだけでしたが、農研機構はスギ花粉症を緩和する米の開発にも取り組んでおり、消費者にもメリットのある遺伝子組み換え技術を実用化することで、その技術を不安視している国民の理解を得ようとしています。成長戦略を進める国の後押しもあり、今後ゲノム編集技術などによる育種に関する研究・開発は急ピッチで進む可能性があります。

農家の高齢化と後継者不足は深刻で、現場は省力化によるコスト低減が大きな課題になっています。それこそ「農家の自らの経営判断」となりますが、民間企業が開発したハイブリッド米は乾田にも使えるので、育苗する手間がなくなることからコスト削減につながるのは確かです。

また収量も「みつひかり」が一〇アール当たり平均七四八キロで一般米の平均収量と比べると四割近くも多いですから、種子の価格が高くてもコスト低減と収量増による収益アップは農家にとっては大きな魅力です。民間企業が開発する米が低価格の業務用や輸出用として採算が見込めると農家が判断すれば、従来のブランド米の作付けに民間企業の米をからめた作付け体系を取ることで、経営のリスク分散を図る農家も出てくるでしょう。

日本でも始まる種の囲い込み

種子法廃止に合わせたかのように、二〇一七年七月に住友化学は直播栽培に適した種子と農薬を開発し、直播に適したクボタの種子被覆技術と専用農機を組み合わせた新農法を二〇二〇年までに共同開発すると発表しました。そのクボタは日本米輸出量（二〇一六年で一万トン）のうち二五〇〇トンを占めており、住友化学のハイブリッド米を使っていくことも考えられます。

民間企業の米はまだ、東北、北海道の寒冷地に適した品種は開発されていません。しかし今後、行政が持つ寒冷地用の知見が民間に次々と提供されていけば、いずれ東北や北海道でも民間企業の米栽培が可能となるでしょう。そうすれば、道内でも民間の米を作付ける農家が現れてくるでしょう。

ただ民間企業の米はすべてハイブリッド米で一代限りの交配種なので、毎年企業から高い種子を買い続けなければなりません。さらに肥料や農薬もその米に適したものを開発しますから、農家はそれらをセットで買うことになり、企業丸抱えの栽培になってしまう可能性があるのも事実です。

外国の種子メーカー、特にモンサント社などは遺伝子組み換え（GM）作物の開発に力を入れており、アメリカの大豆やトウモロコシのほとんどはこのGM技術を使って栽培しています。特にモンサント社はTPP

に盛り込まれたＵＰＯＶ１９９１条約などを使って中南米の種子の囲い込みを続けており、農民たちの手から自家採種を行ってきた固有の種子を奪っているのです。

日本もこのＵＰＯＶ１９９１条約を既に批准し、しかもＴＰＰを国会で承認しています。米国がＴＰＰから離脱し、種子も含めた知的財産など二〇項目が凍結されたとはいえ、日本の民間企業がモンサントのような巨大種子メーカーに買収されれば、日本の農家がいつ中南米の農民と同じように海外に種子を奪い取られるか分かりません。

生産者に背を向ける事務次官通達

今後さらに生産者の高齢化、後継者不足が進めば、コスト低減に向けた規模拡大は進むでしょう。そうなれば民間企業が開発する乾田直播型のハイブリッド米を栽培する農家が増えることは当然予想できます。

種子法廃止と農業競争力強化支援法は、その研究・開発のための技術支援や素材提供を、国や都道府県が行っていく体制をつくるためのものです。国の研究機関である農研機構は二〇一七年一〇月からそういった種子の素材リストの配布を始めたので、今後は都道府県にも民間支援の体制づくりが求められるでしょう。

アベノミクスでは、ゲノム編集を含めた新技術で種子などの遺伝資源の特許権を民間企業が取得することで、成長戦略につなげようとしています。それが安倍政権の掲げる「知的財産戦略」です。農水省も一五年に「知的財産戦略二〇二〇」を発表し、官邸主導の安倍農政におもねるように日本の種苗産業の競争力強化のために育成者権の保護強化を打ち出しました。

このように生産者に背を向け官邸に追随する農水省は二〇一七年一一月、種子法廃止後の都道府県の役割を明示した事務次官通達を出しました。そこにはこう書かれています。

「都道府県が、これまで実施してきた稲、麦類及び大豆の種子に関する業務すべてを、直ちに取りやめることを求めているわけではない。（略）民間事業者による稲、麦類及び大豆の種子生産への参入が進むまでの間、種子の増殖に必要な栽培技術等の種子の生産に係る知見を維持し、それを民間事業者に対して提供する役割を担う」

この通達を別の言葉に言い換えると、「都道府県が持つ知見を民間事業者に提供することで参入が進めば、これまで実施してきた都道府県の業務をいずれ取りやめる」とも読み取れます。これは廃止法案が可決された時、都道府県の取り組みが後退しないよう財政措置を確保するよう求めた参議院の付帯決議に真っ向から反するものと言っていいでしょう。

さらにこの通達で問題なのは、今後の安定的な種子生産の計画についてまったく触れていないことです。これまで都道府県は原原種、原種、そして採種と三年がかりで生産者に良質な種子を安定的に提供してきました。その種子生産をどうするかが書かれておらず、通達の最後にはご丁寧に「農業競争力強化支援法の目的は、官民の総力を挙げた種子・種苗の開発・供給体制を構築することで、我が国農業の国際競争力を強化し、農業を成長産業にすることにある。したがって、民間事業者への知見の提供に当たっては、この観点から適切な契約を締結することが不可欠である」と締めくくっています。農水省は官邸もしくは経済産業省の下請け機関になってしまったのでしょうか。

市場原理の競争社会から相互扶助の共生社会へ

このように安倍政権が農業を成長産業に向かわせようとする農業競争力強化支援法は、日本の種苗メーカーの育成者権とアベノミクス（安倍政権）を支える三井や住友、トヨタ、クボタなど大手民間企業の技術開発力との強化支援策に他なりません。

種子法廃止は、農業に市場原理を取り入れ自由競争を促す政策の流れの中にあります。私たちの命の源である種子、人類の公共財である遺伝資源の種子をグローバルな自由競争の渦の中に放り込んで果たしてよいのでしょうか。市場メカニズムに任せることが日本農業の活性化につながるという考えに反対する対立軸を、今まさに打ち出す必要があると思います。

農業生産の大半を占める家族農業は小規模ながら世界の食料安全保障や食料主権を支える基盤になっています。国連食糧農業機関（ＦＡＯ）の世界農業センサスによると八一カ国の農家規模は、一ヘクタール未満が七三％で、二ヘクタール未満になると八五％も占めます。まさに世界の農業は大規模でなく、小規模家族農家が支えているのです。

そういった小規模家族農家と消費者がつながり、消費者が食べることを通じて持続可能な農業を支え、家族農家は環境に配慮した安全な農産物を生産することで消費者の食卓を支えるという相互扶助の理念、もしくは協同の精神を私たちの身近な暮らしの中に取り戻す運動を展開していくことが、今後は不可欠になってくると思います。

というのも国連教育科学文化機関（ユネスコ）が二〇一六年、協同組合の思想と実践を無形文化遺産に登録しました。その理由に協同組合が「雇用の創出や高齢者支援から都市の活性化や再生可能エネルギープロジェクトまで、さまざまな社会的な問題への創意工夫あふれる解決策を編み出しいている」ことを挙げました。

この協同組合の理念は、国連開発計画（ＵＮＤＰ）が二〇三〇年までに貧困や飢餓を撲滅するなどと一七の目標を掲げた「持続可能な開発目標＝ＳＤＧｓ」とも合致しており、ＪＡを構成する家族農家と生協をつくる消費者の存在は、その重要性を増しています。さらに国連は一九年からの一〇年間を「家族農業の一〇年」と位置付けました。

世界の協同組合の組合員数は一〇億人、そのうち日本の組合員数は六五〇〇万人にものぼります。JAや生協の協同組合としての役割は、組合員である小規模家族農家や組織化されていない消費者に代わって声を上げ、農家や消費者が安心して暮らせる豊かな社会を実現していくことにあります。

農家個人と農の現場に思いを寄せる消費者がまずはつながり、そのつながりがJAや生協といった協同組合のような大きな組織のつながりへとさらに広がっていく。そのような大小さまざまなつながりが全国各地で広がれば、市場原理の競争社会から相互扶助の共生社会に、少しずつですが変わっていくのではないでしょうか。

種子法廃止をきっかけに、私たちがこれからどんな食と農のあり方、そしてどんな社会を創り上げていきたいのか、それが問われていると思います。

参考文献
国連世界食料保障委員会専門家ハイレベル・パネル著『家族農業が世界の未来を拓く』（農文協、二〇一四年）
久野秀二著『主要農作物種子法廃止の経緯と問題点』（京都大学大学院経済学研究科ディスカッションペーパーシリーズ、二〇一七年）
『月刊日本』五月号（K&Kプレス、二〇一七年）
『植調』（日本植物調節剤研究協会、二〇一七年）
西川芳昭著『種子が消えればあなたも消える』（コモンズ、二〇一七年）

『農業と経済』臨時増刊号（昭和堂、二〇一七年）
『種子法廃止でどうなる?』（農文協、二〇一七年）
『現代農業』二月号（農文協、二〇一八年）
『月刊日本』二月号（K&Kプレス、二〇一八年）

安川誠二（やすかわ・せいじ）
一九六一年、東京生まれ。明治大学法学部卒業後、米流通専門紙記者、北海道新聞記者を経て、現在、農業専門紙記者・編集者。共著に『ダメなものはダメと言える《憲法力》を身につける』（寿郎社）、『ちっちゃくてちからもち　黒千石大豆』（中西出版）、編著に『北海道からトランプ的安倍〈強権〉政治にNOと言う』（寿郎社）など。札幌市在住。

6　多国籍企業が世界で進める種子支配

ジャーナリスト・北海道大学客員教授
久田徳二

ＴＰＰは地方自治の問題

ＴＰＰ（環太平洋連携協定）が発効したら、「日本の地方自治も地域経済もコミュニティーも弱体化する」と言わざるを得ません。ＴＰＰは農業問題というよりむしろ地方自治の問題です。もちろん貿易分野を含んではいますが、協定文は非貿易分野の方が厚いのです。より本質的には、投資問題の色が濃いとみるべきです。

その投資自由化は、「規制緩和」の名で公共的仕組みの多くと、地方自治や国家主権を崩すことを求めています。日本の大手メディアや政治家の多くは、「自由貿易が保護主義を抑える」としてＴＰＰを歓迎しているようですが、地方自治体や地域コミュニティーがこれまで大切にしてきたものの多くを失う危険性にはほとんど注意を払っていないのではないでしょうか。

ＴＰＰ復活の可能性

米国のトランプ大統領が二〇一七年一月、「ＴＰＰから永久離脱」の大統領令を発しました。だからＴＰＰは当面発効できません。しかし、次の二つの理由で死んではいないのです。

第一に「死ぬ条件」が協定に書かれていません。「ＧＤＰ（国内総生産）で八五％以上」の「六カ国以上」が批准したら、署名から二年以内でも発効する、という発効条件はありますが、発効しなくなる条件や期限は書かれていません。いつでも発効可能なのです。

第二に、米国が変わる可能性があります。自由貿易志向の政治勢力は根強く、一方、トランプ氏は人気が低い。遅くとも二年後の次期大統領選で親ＴＰＰ派が勝利する可能性は否定できません。そうなれば大統領令は取り消され、米国がＴＰＰに復帰します。しかも、「トランプ氏がＴＰＰ復帰も検討」と先月末に報道されました。復帰すれば即発効です。

そう考えると、ＴＰＰがゾンビのように復活する可能性は、決して低いとは言えません。

リレーショナル・メガ協定戦略

昨年の一年間に通商交渉は随分進みました。七月に「大枠合意」した日欧ＥＰＡ（経済連携協定）が一二月に基本合意しました。米国を除く参加一一カ国によるＴＰＰ11は一一月に「大筋合意」し、二〇一八年三月にも、署名にこぎ着けようとしています。

合意内容に踏み込む紙幅はありませんが、はっきりしているのは、いずれもＴＰＰを土台としているという点です。日欧ＥＰＡに関する外務省「ファクトシート」によると、二八項目のうち少なくとも二七項目が、ＴＰＰの全三〇章の章名とほぼ同一です。ＴＰＰ11も「ＴＰＰの条文を取り込み、一部は例外的に凍結する」（閣僚声明要旨）とあるように、ＴＰＰの一部。すなわち、急浮上した通商協定はいずれもＴＰＰの「ほぼコピー」と言えるのです。

ＴＰＰは、ＷＴＯ（世界貿易機関）交渉が暗礁に乗り上げたことを背景に、「ブロック」を形成しようと浮上してきました。これら協定の目指すところは、第一に多国籍企業のための貿易と投資の自由化であり、第二にそれを保障するためのグローバル規制緩和です。多国籍企業群の戦略は、ＴＰＰのゾンビ化とともに、「ＴＰＰ以上」を盛り込んだ他の関連協定たちを、次々につくっていく「リレーショナル・メガ協定戦略」と言えます（注1）。その「ドミノ倒し」に似た戦略の最初の一枚であるＴＰＰを、無きものにすることが重要なのです。

ＴＰＰ六つの毒

ＴＰＰには、①秘密主義②関税撤廃③「科学主義」④企業主権⑤儲け主義⑥公共切り捨て――の六つの重大な問題点があると考えています。これを私は「ＴＰＰの六つの毒」と呼んでいます（注1）。これらが強い「毒」なので、無きものにしなければならないのですが、ここでは地方自治に直結する問題に絞ります。

ＴＰＰの全三〇章のうち、第九章「投資」、第一五章「政府調達」、第一七章「国有企業及び指定独占企業」、第一八章「知的財産」、第二五章「規制の整合性」、第二八章「紛争解決」などには、以下に述べるような国民の基本的人権と国家主権、地方自治に深く関わる問題が多く含まれています。

中南米で種子の法律

農家による種子の保存や交換を禁止する法律が、主に中南米とアフリカに広がろうとしています。農民が自分たちの種子で農業をすることが犯罪となり、農家は種子企業から毎年、種子を買わなければ農業を続けられなくなるのです。

現地では「モンサント法」と呼ばれています。モンサントは米国に本拠地を置く大手種子・農薬企業の名です（注2）。膨大な数の作物特許を持ち、うち幾つかは、自社開発した大豆やトウモロコシの遺伝子組み換え作物（ＧＭＯ）です。

メキシコ政府が二〇一二年に法案制定へ動き始めました。主食のトウモロコシなどの在来品種の種子を、農民が保存し、時々交換しては交配して良い種子を残し、受け継いでいく文化が昔からあります。ところが、これが違法とされ、禁止されるのです。この法案には農民が怒り、激しい抵抗運動が起き、法案は廃案になりました（注3）。

コロンビアでは、同様の趣旨の植物育苗法が成立し、二〇一三年に施行段階となりました。農民の種子が没収されて捨てられました。種子の権利を奪われることを恐れた農民たちや労働者が立ち上がり、全国の主要幹線道路を封鎖。この事態に、コロンビア政府は施行を凍結したのです。

ＴＰＰ参加国のチリも同様のモンサント法案が下院を通過し、モンサント法の趣旨を義務化するＵＰＯＶ条約（注4）も同時に署名する寸前となりました。しかし、広範な反モンサント、反ＧＭＯの運動が広がり、二〇一四年に法案も条約署名も見送られました。

このほかベネズエラ、グアテマラ、コスタリカ、アルゼンチンでも同様の動きがあり、一部では法が成立、一部では廃案となりました。

「モンサント法」とＴＰＰ

アフリカでも同様の動きが見られます。モザンビークではこれまで行われていた農民への種子無料配布が中止されるといいます。ガーナでは政府がモンサント法を成立させようとしており、これに農民が反発していいます（注5）。二〇一四年には、アフリカ一七カ国の加盟するアフリカ知的財産機関（ＡＲＩＰＯ）がＵＰＯＶ条約に署名しました。

種子企業の知的所有権を農民の種子の権利に優越させ、人々の命を支える作物をDNAレベルで独占し儲けの対象とする仕組みが、このモンサント法であり、UPOV1991条約なのです。TPPは、その第一八章七条「国際協定」で、この条約の署名や国内法規整備を義務付けています。RCEP（東アジア地域包括的経済連携）協定でも、同じ提案がされているといわれ、アジアの農民や市民が反対しています。

そして日本で昨年四月、主要農作物種子法廃止が決められました。日本の国民の生命を種子独占企業に委ねる危険を感じなくてはなりません。

種子は誰のものか

食用作物はかつて、倫理的理由で長い間特許の適用外でしたが、一九七八年の米国の裁判で「生物特許」が認められて時代が変わりました。レーガン政権下で、動植物の知的所有権が多く種苗企業に付与されたのです。モンサント社とデュポン社（米国）が種苗会社を次々に買収し、作物種子の特許を集めました。

この結果、モンサント、デュポン、シンジェンタ（スイス）の三社合計で、世界の種子の約五五％（二〇一三年時点）を取得するに至っています（注6）。生物特許を握る企業は、種子を握り胃袋を握るのです。バイオテクノロジーの多国籍企業による遺伝子レベルでの食料支配が進んでいるとみなければなりません。

生物特許は農業現場でどのように働くのでしょうか。例えば、遺伝子組み換え種子（GM種子）の場合はこうです。農家AさんがGM種子を栽培し、隣の農家BさんがGMでない「非GM種子」を栽培していたとします。

AさんからBさんの畑に、GM作物の種子や花粉が飛ぶことは容易に想像できます。Bさんの畑で交雑などが起き、GM作物が成長します。当然、Bさんは迷惑と感じ、場合によっては訴訟を起こすかもしれません。

しかしカナダでは違うことが起きました。GMナタネを栽培していないはずの実在の農家の畑にGMナタネが発見されたことで、モンサント社が農家を「特許侵害」で訴え、カナダ最高裁は二〇〇四年、原告の訴えを認める判決を下したのです。「GM作物の存在自体が侵害に当たる」とのことでした。

同様の訴訟はその後、米国内でも一〇〇件以上起こされ、その多くで、農家側が侵害を認めて和解し、賠償金を開発会社に支払う結末になっているのです。

北米以外の多くの地域では、企業による種子の知的財産権が認められていませんから、上記のような判決にはならないかもしれません。それを覆そうとするのがモンサント法なのです。しかし、逆に「種子はみんなのもの」と主張する農民はじめ人々の運動が大きくなり、例えばチリでは「農民の財産権侵害」事件として憲法裁判所に提訴する動きも起きています。「種子は誰のもの?」との問いが突き付けられているのです。

水は誰のものか

「水は誰のもの?」を問う事態も広がっています。南米ボリビアで一九九九年に発生した「ボリビア水戦争」がその例です。世界銀行が火を付けました。同国三番目の大都市コチャバンバ市の市営水道会社SEMAPAを民営化する計画が持ち上がったのです。世銀は、「民営化すれば債務を免除する」との好条件も提案しました。ボリビア政府はそれを受け入れ、SEMAPAを民営化したのです。

進出したのはアグアス・デル・ツナリ社。米国最大建設会社ベクテル社が出資しました。コチャバンバでの水資源の独占的管理権が与えられました。水道料金が値上げされ、それを払えない貧困層の人々が次々に死亡する事態となったのです。

市民は「水は神からの贈り物であり商品ではない」のスローガンを掲げて「水と生活を防衛する市民連合」を結成し抵抗、ゼネストに発展しました。政府は戒厳令まで出して弾圧しましたが、結局は市民が勝って、民営化契約は破棄され、水道事業はＳＥＭＡＰＡの手に戻ったのです。

人間の生存に直接関わる水を商品化し、企業が資源を所有することに対する抵抗は、世界各地で起きています。

その中で麻生太郎副総理兼財務相が「水道をすべて民営化する」と米国で発言しました（注7）。二〇一七年三月には水道法改正法案が閣議決定されました（注8）。「（自治体が）水道施設に関する公共施設等運営権を民間事業者に設定できる仕組みを導入する」との内容です。民営化への道が切り開かれようとしているのです。

食と水アクセスは生存権

種子から生まれる作物や畜産物、そして水は、人間の生命維持に不可欠です。あらゆるライフラインの中で最も重要なものです。日本ではこれまでも鉄道や電話、タバコなどを扱う公共セクターが民営化されてきましたが、企業が種子と水までも掌握することが果たして是なのか、慎重な議論が必要です。

かつての「みんなのもの」たちが、「企業のもの」になる危険が大きくなってきました。すなわち、日本国憲法第二五条が保障する生存権が危うくなってきたと言っても過言ではありません。国連は「十分な量の清潔な個人・家庭用水に対するアクセスが、すべての人々の基本的人権であることを確認」しています（注9）。

ＩＳＤＳと主権・自治

投資家・国家紛争解決（ＩＳＤＳ）という条項がＴＰＰ協定に盛り込まれていることはよく知られています

が、これが締約国の司法主権や立法権、地方自治をもないがしろにする危険が大きいことについては、日本では議論があまりに少ないのが現状です。

投資家が訴える先は日本の裁判所ではなく、国際投資紛争解決センター（ＩＣＳＩＤ）。米国に本部を置く世銀のグループ組織の一つです。しかし、常設裁判機関ではなく、事件の都度選任される仲裁人は三人で国民に責任がない立場。結論を出せば解散します。

重大なのは、日本国憲法の司法主権と矛盾することです。第七六条は「すべて司法権は、最高裁判所及び法律の定めるところにより設置する下級裁判所に属する」と規定しています。北海道をはじめ各地の弁護士会はこの点からＩＳＤＳ条項を違憲性が高いと問題視しています。

ＩＳＤＳの規定は、すでに発効している北米自由貿易協定（ＮＡＦＴＡ）など多くの協定に組み込まれています。提訴事例は二〇一四年までに累計六〇〇件を超え（注10）、その付託案件分野は、石油・ガス・鉱山、電気他エネルギー、水・衛生・洪水防止、建設など極めて多岐にわたっています。中央政府、地方政府の契約や許認可も含まれています。政府の行政行為、国会の立法行為、地方自治体の条例も訴えの視野に入っているという意味では、計り知れないインパクトがあります。

より重大なのは萎縮効果を生むことです。企業が国家・自治体側に要求する賠償金の額は十数億円から一兆円超と莫大なため、訴えられない制度整備が求められます。

二〇一二年に米韓ＦＴＡを発効させた韓国では米国資本による提訴を恐れて、二〇一一年までに、六三本もの国内法を予防的に改定したのです。自治体でも、ソウル市は「市区の条例など三〇件の自治法規が米韓ＦＴＡに違反する可能性がある」として政府に対策を要請しました（注11）。

日本でもＴＰＰが発効した場合は、多くの立法・行政行為がＴＰＰとの整合性を問われ、ＩＳＤＳによって訴えられる事態が起き得ることを肝に銘じなければなりません。例えば北海道の地産地消学校給食。地場産の農水産物を優先して使う制度ですが、これはＴＰＰの「内国民待遇」原則に違反すると指摘される可能性があります。

このほか、外資による水源取得を規制している水源保全条例、遺伝子組み換え作物の栽培を規制しているＧＭ条例など、重要な地方条例の命運が危うい。これらは地方自治を直接的に損ねることにほかなりません。

広い分野の「公共」に影響

新薬開発国側の要求により、特許期間延長などの新ルールがＴＰＰに盛られ、また公定薬価の決定プロセスに、製薬大企業の参加を認めることになりました。このため、薬価は製薬企業の求めに引っ張られてさらに高くなり、公的保険財政をますます圧迫することが懸念されます。社会保障財源が逼迫すれば保険制度が揺らぎます。地方自治体は真っ先にその影響を受けそうです。

ただ、医療分野は広い「公共」の一つにすぎません。ＴＰＰの「サービス」「国有企業及び指定独占企業」「政府調達」といった規定によって、公共的な団体や事業の「公共性」そのものが危うくなっています。

公共サービス分野には、水道、ガス、電気、郵便、電話、教育、交通などが含まれます。ＴＰＰはこうした分野で、自国の国有企業や指定独占企業と、他の締約国の企業との平等を義務付けています。民営化に限りなく近づくことになります。「内国民待遇」の大原則により、民営化は外資参入に直結するのです。

国有企業として、政府はＪＲ貨物、日本郵便など計一一社を明らかにしています。ただし、協定の定義に当てはまる事業体がさらに多くなる可能性は否定できません。ＴＰＰ締約国は、郵便、鉄道、病院など地域の基礎的な社会インフラについては、「将来とも非商業的援助を留保すべき企業である」などとして各国は例外措置を主張できますが、日本はそれを行っていません。

政府や自治体、特定機関による物品やサービスを購入する「政府調達」についても、締約国の企業参入を広く認めるのがＴＰＰの趣旨です。対象となる調達機関は中央政府機関と地方自治体（全都道府県と政令市）、その他の一一九の公的機関。これらがそれぞれの基準額を超える調達については、他の締約国に参入を認めなければなりません。地方自治体については、日欧ＥＰＡでは中核市にまで拡大されました。

種子や水という命に直結するもの、環境保全や食の安全・安心、地域経済や地方自治、国の主権……。ＴＰＰと他のメガ協定たちにより、この国の大切なものを失う危険に気づかねばなりません。多国籍企業の利益のために、大砲ではなく協定を使ってそれらを奪う「経済戦争」がすでに始まっているとみてよいでしょう。背景に、グローバリゼーションの行き詰まりがあります。多国籍企業の側が、その危機を新自由主義的な手法で突破しようとしているのでしょう。

「自由貿易の旗手」を自認する日本政府は「保護主義に打ち勝つ」ことに執着していますが、時代の焦点はそのようなところにありません。脱グローバリゼーションを前提として、共生の社会をいかに構築していくかなのです。

注1　久田徳二『トランプ新政権とメガ協定の行方』（二〇一七年、北海道農業ジャーナリストの会）
注2　ドイツの医薬・農薬大手バイエル社が二〇一六年九月、モンサント社を買収することで合意した
注3　https://www.grain.org/fr/bulletin_board/entries/4529-mexican-rural-organisations-block-monsanto-law-to-privatize-seeds-and-plants

注4　「植物の新品種の保護に関する国際条約」。一九六八年に発効し、その後九一年三月までに三回改正された。二〇一六年一〇月現在で締約国は七四カ国・地域

注5　"Ghana's farmers battle 'Monsanto law' to retain seed freedom"（2014.10.24. "Ecologist"）

注6　"Mega-Mergers in the Global Agricultural Inputs Sector: Threats to Food Security & Climate Resilience"（2015.10.30. ETC Group）

注7　戦略国際問題研究所（ＣＳＴＳ）の講演（二〇一三年四月一九日）

注8　二〇一七年九月の衆院解散により廃案

注9　国連経済的・社会的・文化的権利委員会（二〇〇二年一一月）

注10　UNCTAD "Recent Trends in IIAS and ISDS"（IIA ISSUES NOTE No.1, 2015.2）

注11　郭洋春『ＴＰＰすぐそこに迫る亡国の罠』（二〇一三年、三交社）

久田徳二（ひさだ・とくじ）
一九五七年、名古屋市生まれ。北海道大学農学部卒業。北海道新聞記者、編集委員を経て二〇一八年一月からフリー。北海道農業ジャーナリストの会副会長。北海道地域農業研究所参与。著書に『北海道の守り方』（編著、寿郎社）、『トランプ新政権とメガ協定の行方』（北海道農業ジャーナリストの会）など。札幌市在住。

第3部

先端育種技術と種子法廃止の関係

7 種子法廃止と遺伝子組み換え作物

北海道遺伝子組み換えイネいらないネットワーク
富塚とも子

危険の多い遺伝子組み換え技術

遺伝子組み換え技術は、他の生物から取り出した「利用したい遺伝子」を別の生物に導入する技術です。遺伝子組み換えという言葉からは高度な科学技術を連想しがちですが、遺伝子メカニズムはいまだに解明されていないことも多く、遺伝子組み換えを施した植物や動物を食品として摂取することは、多くの危険があると言われています。また人体への健康被害ばかりでなく、生態系など地球環境へのダメージも心配されています。科学の拙速な商業利用という点で、遺伝子組み換え作物（ＧＭＯ＝Genetically Modified Organism）は原発とよく似ています。その点は最後にもう一度触れたいと思います。

現在、世界で商業栽培され流通している主な遺伝子組み換え作物の性質は、特定の除草剤の影響を受けない除草剤耐性、殺虫剤を使わなくても害虫を防げるよう植物がＢｔ毒素を産生する殺虫性、そしてこの二つの性質を併せ持ったものの三種類に過ぎません。この形質は、生産者しかもアメリカの大規模農業法人（その規模は十勝地方程度の農地に四法人しか営農できないほどの広さ）がコスト削減のメリットを享受できるものであって、家族経営の農家や消費者にはリスクを押し付けるだけのものです。

遺伝子組み換え作物の人体への影響として問題視されているのは、組み換えた遺伝子が作り出す物質の中に未知のたんぱく質などが含まれる可能性があることです。アメリカやカナダで、初めて遺伝子組み換えナタネと大豆が商業栽培されたのは一九九六年です。

その年のうちに日本でも遺伝子組み換え食品の輸入が許可されましたが、未知のたんぱく質が人類に対して考えられなかったような悪影響や毒性を持っていること、新たなアレルギーを引き起こす可能性などが懸念されてきました。また除草剤耐性作物に大量に散布され残留する除草剤や殺虫性植物に含まれる殺虫成分の毒性についても、研究者らから警告が出されています。

世界各地で健康と生態系へ被害

商業栽培開始から二二年、この間、遺伝子組み換え作物による健康被害や自然生態系への被害が世界各地から報告されています。

インドでは、Ｂｔ綿で羊・山羊が大量死しています。米・アイオワ州でＢｔコーンを与えた豚の繁殖率が低下しました。除草剤耐性作物に使われる除草剤の散布によるヒトへの健康被害も出ています。アルゼンチン・コルドバ州では白血病、皮膚の腫瘍、内出血、遺伝障害などが多発しています。サンタフェ州では一〇倍の肝臓がん、三倍の胃がん、精巣がんの発生が報告されました。

二〇〇九年、米国環境医学会は免疫システムへの悪影響、生殖や出産への悪影響、解毒臓器傷害に言及し、遺伝子組み換え食品の販売中止を求めました。カナダの大学病院でも妊産婦に農薬成分や殺虫毒素が蓄積し、胎児へも移行しているとの報告が出ています。二〇一五年三月には世界保健機関（ＷＨＯ）の外部組織である国際がん研究機関（ＩＡＲＣ）が、遺伝子組み換え最大手・モンサント社（米国）の除草剤「ラウンドアップ」の主成分であるグリホサートについて「ヒトに対しておそらく発がん性がある（ヒトへの発がん性については限られた証拠しかないが、実験動物の発がんについては十分な証拠がある場合を指す）」と言及しています。

動物実験ではロシア医科学アカデミー栄養学研究所、カナダ・オンタリオ州のグエルフ大学、イタリア食品研究所のエレーナ・メンゲリ、デンマーク国立食品研究所のＳ・クロスボ、イタリア・ベローナ大学のＭ・マラテスタ、ウィーン大学獣医学教授ユルゲン・ツェンテクらの研究があります。

しかし遺伝子組み換え作物に否定的な実験については、推進派は実験を行った研究者を攻撃し、そのデータをもみ消そうとするだけで、決して追実験をしようとしません。また遺伝子組み換え作物に慎重な研究者が発言できない状況が続き、学会でも推進派が一方的に意見を述べるだけという状態になっています。

実際にアメリカや日本でも、遺伝子組み換え食品を動物に与えて安全性に関する試験をするのは難しく、効果のない実験は動物愛護の精神に反するとの理由で動物実験は行わなくてもよいことになっているのです。

カーン大学・セラリーニ教授が画期的実験

厳しい状況の中、フランス・カーン大学のエリック・セラリーニ教授がラットを使った動物実験を行い、二〇一二年九月に科学雑誌に研究論文を発表しました。モンサント社の除草剤耐性トウモロコシＮＫ６０３系統を使った二年にも及ぶ長期の実験です。研究期間の二年はラットの寿命に匹敵します。論文には、体重の半分以上もあろうかという大きさの腫瘍にむしばまれたラットの写真が添えられ、読む者に衝撃を与えました。資金を市民が負担し、内容を極秘にすることで実現した実験は、遺伝子組み換え作物の問題点とともにモンサント社の除草剤ラウンドアップの毒性についても明らかにしました。

ジャン・ポール・ショー監督の映画『世界が食べられなくなる日』（原題『我々はモルモット？』、二〇一三年日本公開）にこの実験が詳しく紹介されています。

ＮＫ６０３系統を与えたラットは、平均寿命に達する前にオスの五〇％、メスの七〇％が死亡しました。非遺伝子組み換えトウモロコシを与えたラットの平均寿命は六二四日（メス七〇一日）で、平均寿命に達する前にオスの三〇％、メスの二〇％が自然死しました。

ＮＫ６０３系統もしくはラウンドアップ、または両方を与えたラットで最初に大きな腫瘍を確認した時期は、オスが四カ月後、メスで七カ月後でした。しかしモンサント社が欧州食品安全機関「ＥＦＳＡ」に提出した実験期間は三カ月で打ち切られていたのです。

研究論文の発表からわずか二カ月後の一一月二八日、ＥＦＳＡは追実験もせずにセラリーニ教授の実験を否定し、ＮＫ６０３系統は「安全」としました。フランス政府は輸入許可を取り消しませんでしたが、長期実験の必要性は認めたのです。

世界で最も遺伝子組み換え食品を食べる日本人

そのような遺伝子組み換え食品を私たちは日々食べているのです。日本では遺伝子組み換え作物の商業栽培は行われていませんが、日本で食品として輸入を承認されている安全性審査済みの遺伝子組み換え作物および添加物は二〇一七年一二月二二日現在で、大豆、ジャガイモ、てん菜、トウモロコシ、綿、ナタネ、アルファルファ、パパイヤ、添加物で三四五種類もあります。

内訳を見ると、大豆二五種類、ジャガイモ九種類、てん菜三種類、トウモロコシ二〇六種類、ナタネ二一種類、綿四五種類、アルファルファ五種類、パパイヤ一種類、添加物三〇種類です。その多くが油、コーンスターチ、ブドウ糖、果糖液糖（異性化糖うち果糖含有率が五〇％未満のもの）、水あめ、コーンフレーク、菓子原料、家畜飼料などとして流通しています。巧妙に表示義務をすり抜けて食卓に上がり、日々私たちの口に入っているのです。スーパーで売られている加工品のおよそ八割に遺伝子組み換え作物が使われており、日本の食料自給率（カロリーベース）が三八％（二〇一六年度）を考えると、日本は世界で最も遺伝子組み換え食品を食べている国民といえるのです。

将来、環境や人体への重大な影響が明らかになっても、日本の法体系から見て「当時の科学の力では予見が不可能だった」と言い逃れをして、科学者も官僚も企業も責任を追及されないでしょう。

商業栽培はされていませんが、日本でも遺伝子組み換え作物の研究・開発は進んでいます。農水省の研究機関である「農業・食品産業技術総合研究機構」（農研機構）が現在、スギ花粉症治療稲や遺伝子組み換えカイコを利用した有用物質の生産を進めています。この稲を食べるとスギ花粉症に対してアレルギー反応しなくなるというもので、既に基礎研究は済み動物実験も終了しています。現段階では人に対して有用性を実証する臨床研究まで来ているそうです。

食品ではありませんが、遺伝子組み換えカイコによる医薬品や化粧品などの開発は既に実用化されています。また農研機構では光るクラゲの緑色蛍光たんぱく質を生産する遺伝子を組み込んだ遺伝子組み換えカイコを開発中で、この絹糸に緑色ＬＥＤを当てると糸が緑色に光り出すそうです。

国内で商業栽培されているのは、サントリーが開発した遺伝子組み換えの「青いバラ」のみです（二〇〇四年に開発、二〇〇九年に販売開始）。

安全性審査も食品表示もザルの日本

日本に輸入されている安全性審査済みの遺伝子組み換え作物および添加物の三四五種類は、厚生労働省が販売を許可したものですが、その際、厚労省は専門家で構成する食品安全委員会に安全性の評価を依頼します。この安全性審査自体がザルで、申請者が提出した書類を審査するだけなのです。遺伝子組み換え作物の摂取実験は実質免除されており、組み換え遺伝子が産出したたんぱく質の実験は急性毒性だけで、慢性毒性や遺伝毒性については免除されています。

さらに、承認がザルなら食品表示もザルなのが日本です。二〇〇一年に「農林物資の規格等に関する法律」（JAS法）などで表示制度が始まりました。表示対象は食品として販売が認可されている大豆、バレイショ、てん菜、トウモロコシ、ナタネ、綿、アルファルファ、パパイヤの八種類の農産物とその加工品三三品目です。その他にも高オレイン酸大豆とその加工品も対象となっています。

この表示制度では、加工品は「主な原材料」のみの表示でよいとされています。この主な原材料とは全原材料のうち重量割合が上位三位までのもので、かつ原材料に占める重量割合が五％以上のものを指します。さらに意図しない遺伝子組み換え作物などの混入は五％まで「遺伝子組換えでない」との表示が可能なのです。

また加工工程後に組み換えられたDNA及び組み換えによって生じたたんぱく質が存在しない品目についても表示は任意としたのです。これではほとんどの加工食品が表示を免除されていると言っていいでしょう。

ですから大豆ではしょう油と大豆油が表示不要となります。トウモロコシではコーン油、コーンフレーク、水あめ、ジャムなど水あめ使用食品、液糖、ジュースやシロップなど液糖使用食品、デキストリン、スープ類などデキストリン使用食品などが表示不要となります。

ナタネ油や綿実油もそうですし、ジャガイモではマッシュポテト、ジャガイモでんぷん、ポテトフレーク加工品、冷凍食品・缶詰・レトルトなどのジャガイモ加工食品もみな表示不要なのです。

表示が免除される意図しない混入率もＥＵ（欧州連合）では〇・九％未満、韓国でも三％未満と日本よりも混入に対しては厳しく制限しています。台湾は日本と同じ五％でしたが三％へと引き上げ、さらにはＥＵ並みの〇・九％を目指しています。韓国も三％から一％と厳しくする方向のようです。このように世界的に表示の厳密化が進む中で、日本は世界から取り残されているのです。

大量に輸入される遺伝子組み換えトウモロコシ

カーン大学・セラリーニ教授が実験をしたモンサント社の除草剤耐性遺伝子組み換えトウモロコシ「ＮＫ６０３系統」ですが、日本では既に二一品種が承認されています。二〇〇一年三月三〇日に厚生労働省が食品として安全性を審査済みとし、〇三年には飼料として安全性審査済み、〇四年には第一種使用（栽培）を認めたのです。その後は食品として殺虫性もしくは他の除草剤耐性を併せ持つもの（スタック品種）が承認されています。日本のトウモロコシの自給率は〇％です。

二〇一六年のトウモロコシの輸入量は一五三四万トンで、相手国は、一位がアメリカで約一一四三万トン（七三％）、二位がブラジルで約三七三万トン（二五％）です。そのうち飼料用が約七六％を占めています。飼料用は牛や豚、鶏のエサとなり、その肉や牛乳、乳製品、卵製品になっています。加工用は約二三％で、油脂、異性化液糖、でんぷん、デキストリン、水あめ、ブドウ糖果糖液糖、発酵原料のアルコール、工業原料となり、残り一％が菓子等に使われました。

アメリカ大陸が主産地の遺伝子組み換え作物

遺伝子組み換え作物を栽培するのはアメリカ、ブラジル、アルゼンチン、インド、カナダ、中国などで北、南アメリカが中心です。国際アグリバイオ事業団（ＩＳＡＡＡ）によると、二〇一六年の世界のＧＭ作物の栽培面積は前年度比三％増の一億八五一〇万ヘクタールで、作物別では最も多い大豆の作付面積は前年比一％減の九一四〇万ヘクタール、トウモロコシが同一三％増の六〇六〇万ヘクタール、綿は同七％減の二二三〇万ヘクタール、ナタネが同一％増の八五〇万ヘクタールとなっています。

遺伝子組み換え作物を栽培する主要国の栽培面積は、アメリカが同三％増の七二九〇万ヘクタール、ブラジルが同一一％増の四九一〇万ヘクタール、アルゼンチンが同三％減の二三八〇万ヘクタールでした。ちなみに、同年アメリカで生産されたトウモロコシの九二％が遺伝子組み換えでした。

遺伝子組み換え技術に意欲的な企業はモンサント社のほかにも、デュポン（米国）、バイエル（ドイツ）、シンジェンタ（スイス）、ダウ・ケミカル（米国）などがあり、モンサント社だけが遺伝組み換え技術を推し進めているわけではありません。世界の種子市場はこれら多国籍企業によって買収が進み、二〇一三年には六六％の市場が上記五社に独占されました。二〇一七年には、デュポンとダウ・ケミカルの合併が完了、二〇一六年にはバイエルによるモンサント社の買収が企業間で合意に至り、正式買収に必要な欧州委員会のＥＵ競争法に基づく裁定を待っているなど、巨大多国籍企業による種子や穀物、農薬の寡占化がさらに進んでいます。

日本企業も遺伝子組み換え技術を使った食品製造に乗り出しています。

日本の遺伝子組み換え企業は味の素（アミノ酸、アステルパーム）、江崎グリコ（α‐グルコシルトランスフェラーゼ→ノンシュガーガムに添加されるパラチノースの製造などに使われる）、野澤組（キモシン）、三栄源ＦＦＩ（キサンタンガム、ジェランガム）、サントリー（バラ、カーネーション）、旭化成、長瀬産業、協和発酵キリンなどがあります。

北海道と遺伝子組み換え作物

北海道も遺伝子組み換え作物とは無縁ではありません。二〇〇二年にはバイオ作物懇話会がモンサント社と共同で、遺伝子組み換え大豆を北見市内の一般ほ場一ヘクタールで栽培し、消費者が抱いていた遺伝子組み換え作物に対する不安が現実のものとなりました。また二〇〇三年には北大大学院農学研究科の富田房男教授らが遺伝子組み換え大豆からつくった納豆、豆腐を販売するバイオベンチャーを設立しました。

同じころ、日本で初めて独立行政法人北海道農業研究センターが開放ほ場で遺伝子組み換え稲の栽培を強行したことなどから、二〇〇三年に消費者や有機農家、流通業者が中心となって「北海道遺伝子組み換えイネいらないネットワーク」を結成し、ジャーナリストの天笠啓祐さんらが中心となって活動する「遺伝子組み換え食品いらない！キャンペーン」（東京）と連携した活動を始めました。

遺伝子組み換え作物栽培の動きに対して北海道農政部は全国に先駆けて二〇〇六年一月、「遺伝子組換え作物の栽培等による交雑等の防止に関する条例」（GM条例）を制定し、北海道の安全な農業を守るために動きました。この条例では商業栽培は知事の許可制とし、無許可の栽培は罰則の対象になりました。絶対に交雑をしないという条件でしか栽培は許可されなくなったのです。道内の研究機関の試験栽培は届け出制となったことで、農政部は道内すべての遺伝子組み換え作物の栽培情報を掌握できることになりました。

また道は二〇〇六年から三年間に、非遺伝子組み換えの稲、大豆、トウモロコシ、ナタネ、てん菜を使った交雑試験も行いました。その結果、距離による隔離も防虫ネットも交雑防止には役立たないことが明らかになり、商業栽培は難しいことも判明したのです。

しかし道内の遺伝子組み換え作物を推進する動きは止まっていません。二〇一五年四月には遺伝子組み換え作物の栽培推進を求める「北海道農業者の会」が北海道立総合研究機構（道総研）に対して「遺伝子組み換え作物試験栽培の実施を求める要望書」を提出しました。これに対して消費者団体は五月二九日、要望書提出の事実確認を求める文書を送付しましたが、道総研は北海道個人情報保護条例に定める個人情報であるとして回答を拒否しました。

二〇一七年三月には日本農学アカデミー（東京）が北海道で生産するてん菜に対して、国が主導して遺伝子組み換え作物の利点の実証栽培をするように提言しました。その理由として同アカデミーは、日本が遺伝子組み換え作物を年間一六〇〇万トン輸入し食品や飼料として利用されていることや、農業経営の大規模化、生産性の向上を目指して遺伝子組み換え作物の利点に関心を持つ農家が現れつつあることを挙げて、具体的に北海道での除草剤耐性遺伝子組み換えてん菜の試験栽培に踏み切るべきとしています。

農水省も遺伝子組み換え技術に対する消費者の不安などを解消しようと、全国各地で定期的に意見交換会と称した説明会を開いています。二〇一七年六月には札幌消費者協会を対象に「遺伝子組換え技術等の先端技術の農業・食品の応用について」と題した説明会を開いて、担当者が遺伝子組み換え食品に対する安全性が確保されていることを強調していました。

多くの消費者は遺伝子組み換え作物に不安

遺伝子組み換え作物と原発は似ていると冒頭に述べましたが、最大の違いは、遺伝子組み換え食品は川下から止めることができる点です。すなわち、「消費者が食べない」「生産者が作らない」「流通業者が売らない」というように、一人ひとりが個々に遺伝子組み換え食品を拒否することで止められるのです。

日本は大量の遺伝子組み換え作物を輸入していますが、国内では食品となる遺伝子組み換え作物の商業栽培はされていません。これまで行われた世論調査で消費者の八〇%が遺伝子組み換え作物に不安を抱いていることが、農協をはじめ生産者にも伝わっているからです。

しかしながらスーパーなどで売られている加工品の八〇%にトウモロコシ、大豆、ナタネなどの遺伝子組み換え作物が原料として使われています。現在の抜け穴だらけの表示ではなく、消費者が遺伝子組み換え食品かどうか判断できる「EU並みの表示」が必要です。EUではすべての食品と、添加物に表示が義務付けられています。繰り返しになりますが、表示が免除される意図しない混入もEUが〇・九%未満に対して日本は五%以下です。

遺伝子組み換え作物の栽培大国・アメリカでも反対する運動が高まってきています。それは冒頭の事例として挙げたように、遺伝子組み換え食品による健康被害が国民の間でも具体的に知られるようになってきたからです。

日本では遺伝子組み換え食品に対する正しい知識や情報が圧倒的に不足しています。それは今の表示制度では、どの食品が遺伝子組み換え作物を使っているのかが分からないからです。「不使用」の表示を厳密化するか、メーカーが遺伝子組み換え作物を使っているかどうか情報提供を義務化するなど、しっかりした表示制度をつくる必要があります。

事実、遺伝子組み換え表示が義務化されている「豆腐、納豆、みそ」については、組み換え原料を使用した商品は流通していません。組み換え原料を使用していることが表示されれば、消費者が買わないからです。

種子法に代わる新たな法律が必要

さて最後に、種子法の廃止と遺伝子組み換え作物の関係について考察しましょう。これまで多くの識者が指摘してきたように、種子法の廃止によって、日本の農家さんは主要作物の種子をこれまでのような条件で

北海道遺伝子組み換えイネいらないネットワークの富塚とも子さん

入手できなくなることは明白です。

私がいま一番恐れていることは、多国籍企業による日本の種子市場の独占と、種子価格の戦略的なつり上げです。種子価格が高騰する中で、遺伝子組み換え種子が安い価格で販売されたら、農家さんの中には使いたいと思う方も出てくるのではないでしょうか。

遺伝子組み換え種子を一度まいてしまえば、そのほ場は遺伝子組み換えＤＮＡで汚染されてしまいます。次の年に非遺伝子組み換えの種をまいてもほ場や周辺に残ったＧＭ遺伝子によって交雑を起こすでしょう。そうすれば、農家さんは特許侵害で莫大な賠償金を請求されます。そして種子の選択ができなくなったところで、遺伝子組み換え種子の値段は引き上げられるのです。現にアメリカでは、遺伝子組み換え種子の値段が当初の三倍になったとのレポートがあります。

遺伝子組み換え種子を使わないと決意してい

ても、商業生産に欠かせないF1の種子が全て遺伝子組み換え種子になってしまえば、多くの農家さんはその種子を使わざるを得ません。自家採取によって農業を続けていても、他のほ場からの花粉の飛散による交雑は必ず起こります。

国産農産物の大半がGMOになってしまえば、消費者は安全・安心な食品を選べなくなりますし、コストの面で輸入農産物に対して勝ち目はありませんから、日本の農業は壊滅するかもしれません。

廃止された種子法に代わる、日本の農業生産と環境や食の安全安心を守るための法律の制定が必要です。私たち消費者をはじめ川下にいる多くの人たちが行動を起こし、遺伝子組み換え作物と食品を止めるための運動を盛り上げていきましょう。

富塚とも子（とみづか・ともこ）
一九五八年、夕張市生まれ。北海道大学農学部卒業。一九九七〜一九九九年、生活クラブ生協北海道（札幌市）西支部委員長時に遺伝子組み換え食品問題にかかわる。以来、食の安全・安心、自然環境の保全、公正な社会、子どもたちの未来を脅かすこの問題を知ってもらうための情報提供活動を行っている。札幌市在住。

8

種子法廃止とゲノム編集

環境ジャーナリスト
天笠啓祐

種は主食であり世代を受け継ぐもの

私たちは毎日、種を食べています。お米は種です。パンの小麦、これも種です。このように私たちにとって種は実は食べ物、主食なのです。トウモロコシを含めて、でんぷんが多い食物は主食になっています。それに対してナタネとか大豆とか綿実のように油分が多い種は、食用油や油製品として口に入ります。

さらに種は遺伝子を持っていますから、当然のことながら次の世代、さらに次の世代へと受け継がれていくものです。その意味では種は主食であると同時に、世代を受け継ぐものなのです。

ですからモンサント社のような大企業が種を支配することは、実は世代を越えて食料を支配することにつながるのです。これが私たちにとって種を考える大事なポイントになります。

その種が今、非常に危なくなってきている現実があります。その原因は何でしょうか。私は一番の理由として、遺伝子組み換え作物の問題があると思います。ある企業は自ら開発した遺伝子組み換え作物の特許を取ることで、ほかの企業や自治体が品種改良で開発した種を排除することができるようになります。遺伝子組み換え技術を使って種の特許を取り、他社の参入を防いで独占することで海外の巨大アグリ企業が食料支配を拡大してきています。

そんな中で種子法が二〇一八年三月に廃止されますが、廃止されると今後どうなっていくのか。それを最初にお話ししたいと思います。

農業競争力強化と新技術開発

二〇一二年末に第二次安倍政権が誕生し、直後に政権は日本経済再生本部を設置し本格的にアベノミクスを稼働させました。一三年一月には規制改革会議（現・規制改革推進会議）を復活させました。

一六年一〇月六日の第四回規制改革推進会議・農業ワーキンググループで、主要農作物種子法の廃止が提案されました。その理由は「民間企業の開発意欲をそぐ」です。実は一九八六年に種子法が改正されて、民間企業にも種子開発は開放されているので、これ以上開放する必要がないにもかかわらずです。この時の改正の目的は、官民共同で遺伝子組み換え作物を開発するところにありました。

さらに二〇一七年一月三〇日には規制改革推進会議・農業ワーキンググループが農業競争力強化支援法案を提出すべきと提案しました。農業競争力の強化とは何でしょう。この支援法案の内容は非常に問題があって、実は既存の農家や農業の支援でなく、早い話が農業分野に新規参入する企業のための競争力強化なのです。

同時に内閣府が出したのが「戦略的イノベーション創造プログラム」です。このプログラムの内容は、農家でなく企業がイノベーションによって農業技術を開発していくために補助金を出すというものです。プログラムの中では「次世代農林水産業創造技術（アグリイノベーション創出）」が重要だと指摘しています。

これらは環太平洋経済連携協定（ＴＰＰ）成立をにらんだ日本の農林水産技術戦略的強化策でもあります。イノベーションとは何かというと知的所有権を取得して高度化された農産物を開発し、それを輸出していこという考え方です。モンサントやデュポン、シンジェンタといった巨大アグリ企業が次々と種の特許を押さえることで世代を越えて食料を支配しようとしていますが、それに対抗していこうという戦略です。

日本が力を入れるゲノム編集

この「次世代農林水産業創造技術」で最も力を入れているのが、新たな育種技術としてのゲノム編集です。ゲノム編集によって新たに開発した種の特許を押さえ、世界に冠たる日本の技術力を持つことによって世界の種を、そして食料を支配していこうという考え方です。今はモンサントなどの巨大アグリ企業によって、世界の種の多くが支配されていますが、これに対抗しようというのが日本政府の方針です。

ですから種子法廃止が農家や農業のためでないことは一目瞭然です。何のための廃止かというと、民間企業の技術競争力を高めるためです。その柱として据えたのがゲノム編集なのです。

ゲノム編集の中で特徴的な三つのモデルを出しました。「高機能稲」「高機能トマト」「おとなしいマグロ」です。「高機能」とは何かというと、例えば稲では「おいしい」「成長が早い」「収量が多い」「病気に強い」などの特性が一つではだめで、二つや三つないと高機能とは言わないということです。トマトも同じです。おとなしいマグロというのは、養殖しやすいマグロのことを指します。

つくば市にある国の研究機関「農業・食品産業技術総合研究機構」は既にゲノム編集稲を開発し、二〇一七年四月から栽培試験を始めて収穫が終わっています。この稲はゲノム編集によって花芽の分裂促進を抑制する遺伝子を壊しています。花芽の分裂がどんどん促進されますから、花芽は増えて籾数が増えます。つまり収量を増やすためのゲノム編集です。ゲノム編集は簡単に言うと、目的の遺伝子を壊す技術なのです。

民間に引き抜かれる自治体研究者

今、世界的な種がどうなっているか見ると、ドイツのバイエル社がモンサント社を買収し、アメリカのデュポンとダウ・ケミカルが経営統合しました。また中国化工集団公司がスイスのシンジェンタ社を買収しました。このモンサント・バイエル、デュポン・ダウ、そして中国化工集団公司・シンジェンタ、この三大グループが今、世界の種と農薬と化学肥料のシェアを支配しつつあります。

世界的に見ると、大豆生産はモンサントの除草剤耐性大豆が八割を占めています。日本では各地域の気候や風土に適したさまざまな大豆をつくっていますが、このまま種子法が廃止されるとその大きな波が国内に押し寄せてくるのが一番怖いと思います。

種子法廃止でまず考えられるのは、自治体の各農業試験場で品種改良と開発を行ってきた研究者や技術者が、高い給料で民間企業に引っ張られていくことです。問題はその民間企業が海外の巨大アグリ企業に飲み込まれる可能性が出てくることです。そうなると今まで日本で開発してきた種そのものが、すべて海外企業に持っていかれてしまうのです。

そこで出てきているのが遺伝子組み換え技術やゲノム編集といった新しい育種技術で種を開発していこうという動きです。日本政府は早くからその動きに乗ろうとしていますから、今回の種子法廃止は大変な問題をはらんでいると思うのです。

遺伝子を壊す技術が「ゲノム編集」

「ゲノム編集」と「遺伝子組み換え」の違いをお話しします。「遺伝子組み換え」は、ほかの生物の遺伝子を入れる技術です。近畿大学が開発したホウレンソウの遺伝子を入れたブタがいます。豚肉が緑色になるのではなく、ヘルシーな豚肉になるのです。

それに対して「ゲノム編集」はDNAを切断して、そこに存在している遺伝子を壊す技術です。働きを止めたい遺伝子を壊すためには、その遺伝子へと切断する「ハサミ」を運ぶことがポイントになります。その運び屋がガイドRNAで、DNAを切断するハサミの役割を果たしているのが「制限酵素」で、それらを組み合わせた技術を「ゲノム編集」と呼んでいます。

目的の遺伝子に誘導する手段と制限酵素の違いによって、第一世代「ジンク・フィンガー法」、第二世代「タレン法」、第三世代「CRISPR/Cas9（クリスパー・キャスナイン）」の三つの方法があります。これまでも遺伝子組み換え技術を使って遺伝子の働きを止める方法はありましたが、複雑な操作が必要だったのでピンポイントで目的とするところを止めるのは容易ではありませんでした。

しかし第三世代の「クリスパー・キャスナイン」が二〇一二年に登場してゲノム編集が容易にできるようになり、広く応用されるようになったのです。現在、ゲノム編集というと、この「クリスパー・キャスナイン」を指すといっても過言ではありません。

壊したい遺伝子の位置に持っていくガイドRNAとハサミの役割を果たす制限酵素であるキャスナインを組み合わせたのが「クリスパー・キャスナイン」で、これを使うと目的としたある遺伝子の場所まで制限酵素を運び、そのハサミ役の制限酵素がチョキンとDNAを切ってくれるのです。

今までの遺伝子組み換え技術は、ほかの生物の遺伝子を入れる技術です。ほかの生物の遺伝子を入れた際、どこに入ってしまうか分からないという問題がありました。入れるだけで場所を指定できなかったからです。「クリスパー・キャスナイン」の場合は正確に特定の遺伝子を切って働きを止められますが、その上でさらに新たな遺伝子を入れることができるから、正確な遺伝子組み換えができるのです。

開発進む日本のゲノム編集稲

ゲノム編集技術による作物の開発としては、既に除草剤耐性ナタネが市場化されています。アメリカでは栽培されて収穫されて市場に出ています。アメリカは規制がないですから、開発してつくれば市場に出てしまう。ジャガイモでも芽に含まれるソラニンとかチャコニンなどの有害なアルカロイドを含まないジャガイモの開発などが活発です。それから高熱化した時にトランス脂肪酸をつくらない大豆、変色しないマッシュルームなども開発されていて、次々に市場化されるのではないかと心配しています。

日本でも先程話したようにゲノム編集稲の栽培試験が始まりました。農業・食品産業技術総合研究機構が「シンク能改変イネ」という名前にしています。花芽の分裂を促進する植物ホルモンを分解する酵素遺伝子を破壊すると、植物ホルモンが増加して花芽がふえて籾数が増加するという仕組みです。五年計画の一年目を終えたところです。

中央大学では藻からバイオ燃料をつくる開発が進められています。藻はエネルギーをでんぷんと油脂として蓄えます。でんぷんを蓄える遺伝子を壊すと、油脂だけ蓄えるようになるので大量に油を持った藻ができます。それをバイオ燃料として使えるようにする研究です。

動物による開発も活発で、徳島大学と広島大学では共同で白いカエルやコオロギを開発しています。紫外線が体に当たった時に守ってくれるメラニン色素をつくる遺伝子を壊す方法で行っています。白いヘビとか白いコオロギとかいますが、自然界で突然変異が起きてメラニン色素をつくることができなくて白い生物は誕生しますが、それを意図的につくることができるということです。

人工的に起こす突然変異がゲノム編集

研究者は「自然界でも遺伝子組み換えが起きるので、遺伝子組み換え技術は自然界で起きていることの延長線上だ」と言います。ゲノム編集も「自然界に起きていることを人工的につくり出しているだけだから、自然界の延長線上」と言うわけです。

でもそうではない。自然界に起きることはごくごくまれで、突然変異の生物は弱いのです。それを意図的に大量につくり出すわけです。そういうものを自然界とか食品の中に持ち込んでよいのでしょうか。そこがやはり問題だと考えます。

中国では成長ホルモンの関連遺伝子を壊したマイクロブタも開発されました。通常ブタというと重量は一〇〇キロあります。ミニブタでも三〇～五〇キロありますがマイクロブタは一〇キロほど。ペットとして販売されています。

アメリカでは筋肉量をコントロールするタンパク質のミオスタチン遺伝子を壊した牛を開発しています。体には筋肉を成長させる仕組みと抑制する仕組みがありますが、抑制する方を壊せば成長するだけなのでムキムキの筋肉質の牛ができるわけです。そのほかにも角のない乳牛や卵アレルギーを起こさないニワトリも遺伝子を壊すことで誕生しています。

ゲノム操作には、どのような問題点があるのか

ゲノム編集技術の問題点を私なりにまとめてみました。まず「遺伝子を壊し、生物の大事な機能を削いでしまう」ことです。これが一番大きい問題で、この自然界には不要な遺伝子はありません。遺伝子を壊すことでその生物にとって大事な機能を奪ってしまうことが許されるのかと一番感じています。

次は「複雑なシステムを持つ遺伝子の働きをかき乱す」ことです。最近分かってきたことですが、一つの遺

伝子が一つの働きをしているわけではありません。遺伝子同士がシステムをつくったり、ＲＮＡがかかわったり、エピジェネティクスがかかわったりして、全体で複雑に連絡を取り合って働くようになっています。

遺伝子はＤＮＡの上に乗っかっていて一つの単位としてあるのですが、システムとして存在していますから一つの遺伝子を壊すことで、そのシステム全体が影響を受けてしまう。そのシステムの仕組みはまだよく分かっていないのです。ここがやはり非常に怖いところです。ですから複雑なシステムを持つ遺伝子の働きをかき乱すことになるわけです。

三つ目は「ゲノム編集では狙った遺伝子以外を切断する可能性が高い」ということです。これをオフターゲットといいます。現在は一部の個所でこのオフターゲットを調べていますが、ＤＮＡを全部調べるなんて不可能なので、狙っていない位置のＤＮＡも切断している可能性は十分あります。生物のＤＮＡは単行本でいうと三万冊程度の文字数を持っていますから、これらの文字すべてで異常を調べるのは不可能なのです。

四番目が「遺伝子を壊すだけだと跡が残りにくく、操作したかどうかが分かりにくくなる」です。これも非常に問題になっています。例えばＤＮＡを切断するとまた元に戻ります。従来の遺伝子組み換えの場合はリアルにほかの生物の遺伝子が入っているので、その遺伝子は残り組み換えたかどうか分かります。しかしゲノム編集で遺伝子を切断するだけだと、また自然に癒着して遺伝子の働きを止めます。

しかもクリスパー・キャスナインという仕組み自体は分解されてしまい跡が残らないので、遺伝子を壊すだけだとと操作したかどうかが分からない。そのため、カルタヘナ議定書の生物多様性影響評価、環境への影響評価の網をかいくぐって悪用することが可能になります。

軍事転用で種の絶滅も可能なゲノム編集

五番目は「軍事技術への転用が容易」だということです。アメリカの国防高等研究計画局がゲノム編集を使って軍事技術に転用しようと考えています。特に「遺伝子ドライブ技術」が非常に問題になっています。遺伝子ドライブとは、直接クリスパー・キャスナインというゲノム編集の仕組みそのものを遺伝子にして受精卵の中に入れて開発する遺伝子操作技術です。

例えば、非常に強い毒性を持つように仕組みを変えた遺伝子を蚊に入れたとします。そうするとその遺伝子は次から次へと野生種との交雑で広がっていきます。遺伝子として「クリスパー・キャスナイン」の仕組みを入れると、急速に拡大し続けるのです。

そうすると至るところで毒性を強めた蚊が広がっていきます。ですからほんの何十匹のその蚊を放すだけで、野生の蚊と交雑して生まれてくる蚊は全部毒性が強まっていきます。その毒性の強い蚊はどんどん増えていくので、軍事技術へ転用することも容易にできることになるのです。

六番目が「遺伝子を操作するため、次世代以降に影響が受け継がれるケースがある」こと、七番目が「特許権争いで開発が過熱化している」、八番目が「簡単にオンラインで注文でき、操作も簡単」なことです。

そして九番目が先程話した「遺伝子ドライブ技術は種の絶滅につながる」のです。遺伝子ドライブ技術で毒性の強い蚊を増やしていけますが、逆に蚊の雌になる機能を壊す遺伝子を入れたとします。そうすると生まれてくる蚊は雌の機能を失っていますから、全部雄になって生まれてきます。

すると雄だらけになるので、最終的には絶滅します。その仕組みが可能なのです。数十匹、数百匹放すだけでその一帯の蚊を全滅させらる技術なのです。だから「遺伝子ドライブ技術は種の絶滅につながる」可能性があるのです。

ゲノム編集には慎重姿勢の科学各誌

「ゲノム編集」に関する科学誌などの反応をウェブ版で取り上げていますので、ここで簡略にまとめて紹介します。『エコロジスト』誌は、「これまでGM（遺伝子組み換え）技術で指摘されてきた問題点はそのままである。遺伝子操作が他の遺伝子の働きや、遺伝子間の相互作用に影響を及ぼす可能性は高い。そのことが毒性を増幅するなど食の安全性に悪影響をもたらしたり、栄養分を低下させたり、新たなアレルゲンをもたらす可能性がある」と指摘しています。

『ニュー・サイエンティスト』誌は「人の受精卵への適用に対してオフターゲット変異が起きる可能性があることと、デザイナーベイビーにつながる可能性がある」と論じています。デザイナーベイビーというのは、人間への応用で親が望む思い通りの赤ちゃん、親が理想とする赤ちゃんを作り出すことです。

『ネイチャー』誌は「ゲノム編集には正と負の両面があり、人間に使用した場合、治療行為以外への応用もあり得る。特に人の受精卵への適用には慎重であるべきだ」。『インディペンデント・サイエンス・ニュース』誌は、「ゲノム編集技術の安全神話を批判する」として、「目的としたターゲット以外にも作用することがあり得る」「ゲノム編集技術は精密に制御されているわけではない」「DNAの機能の変更は予測不可能である」と指摘しています。

『米国科学アカデミー』は「特に懸念されるのが思いがけない生物の出現とその拡大である。人間に適用した場合、子孫に遺伝的影響が及ぶ。この技術が生物兵器へ意図的に悪用される可能性も強い」と警鐘を鳴らしています。それから『ETCグループ』は「意図しない悪用は生物兵器だけでなく広汎に存在している」「農業に利用された際には農民の権利や食料主権が奪われる」「知的所有権が種子支配をもたらし、食料安全保障を奪う」と批判しています。

環境ジャーナリストの天笠啓祐さん

ゲノム編集にいまだ規制のない日本

「ゲノム編集」に関する日本での規制はどうなっているかというと、今のところ農水省は個別審査という考え方です。ですからまだ何にも決まっていないということです。カルタヘナ法での規制を免れる動きが存在していますが、食品の安全審査はどうなるのか、表示はどうなるのか、検査方法はどうなるのか、これら全てまだ日本の政府は答えを出しておりません。

先日農水省の担当者にカルタヘナ議定書でどこまで規制ができるかを取材した際、「『改変された生物』とは、モダンバイオテクノロジーの応用によって得られる遺伝素材の新たな組み合わせを有する生物を言う」と、このことばかりをずっと言い続けていました。

ゲノム編集はＤＮＡを切断するだけだから、新たな組み合わせはない。だから「遺伝素材の新たな組み合わせを有する生物」、つまり「改変された生物」でないと言うのです。農水省担当者は暗に、ゲノム編集はカルタヘナ議定書の適用外ということをにおわせているのです。
日本でもゲノム編集された稲の栽培実験が始まり、RNA干渉法で開発されたジャガイモの流通が厚労省によって承認されています。このRNA干渉法もまた、特定の遺伝子を働かせないようにする方法で、従来の遺伝子組み換えとは異なる技術です。これらのゲノム操作食品が日本の食卓に登場するのはもはや時間の問題です。このまま消費者や農家が求めるような厳格な規制も表示もない状態で、それどころか最低限の規制もないまま流通することになりかねません。

天笠啓祐（あまがさ・けいすけ）
一九四七年、東京都出身。早稲田大学理工学部卒業。環境問題を専門とするジャーナリストで、日本消費者連盟共同代表、遺伝子組み換え食品いらない！キャンペーン代表、市民バイオテクノロジー情報室代表。著書に『ゲノム操作食品の争点』（緑風出版）、『TPPと食の安全』（共著、北海道農業ジャーナリストの会）など多数。

第4部

これからの食と農を考える

9 命を支える「食の経済」をつくろう

メノビレッジ長沼・愛農会副会長
エップ・レイモンド

「工業化された農業」が世界を支配

近代経済の出発点は、それまで共有していたものを個人の所有としたことにあります。土地も個人が所有するものになりました。そして農業をするためには土地を所有しなければならなくなったのです。土地を買うために借金をすると、それを返すためのお金を稼ぐための農業をしなければならなくなります。そこで農家は少ない品目を大規模で大量に効率よく生産する方法を指導されます。大規模で大量に効率よく生産するためには、大型機械を導入しなければならず、それを買うためにまた借金をすることになります。

伝統的な農業では、家族や隣人を養うための生産をしてきましたが、一つの品目を大量に生産する大規模農業では生産物を地域だけでは消費しきれず、遠くにある大きな消費地へ大量に輸送することになります。ここで忘れないようにしたいのは、そのような過程で食べる人と作る人の間に距離ができると心も離れてしまうということです。食べている人たちからは、どういう農家がどんな思いでどんな生活をしながら農業を営んでいるのかが見えなくなってしまうのです。

一二〇年ほど前、アメリカの土壌学者が日本、中国、韓国を訪ねて書いた『東亜四千年の農民』という本があります。著者は「これら三つの国では国民全員が土づくりの大切さを分かっている」と驚きとともに書いています。人糞も大切にされて都市から田舎に運ばれて肥料として使ったと書かれています。そのような土に対する関わりは今の日本では忘れられてしまいました。

「工業化された農業」と私たちが呼ぶような農業のあり方は、一八〇〇年代に始まりました。そのころは栄養たっぷりの豊かな土と森林資源が無尽蔵にあると考えられていました。そしてその「工業化された農業」の仕組みは、豊かな土と森林資源が無尽蔵にあることを前提にできあがっていったのです。それは循環の中で土を大切にしてきた日本、中国、韓国の伝統的農業とはまったく違う価値観を持つものです。

しかし今やその「工業化された農業」のあり方が、世界規模の経済システムとともにあたかも当たり前かのように世界を支配しているのです。

排除される人々をつくる経済システム

この経済システムのもとではすべてのものがお金に換算されて、すべてのものの価値をマーケットが決定します。そして人間も動物も自然も大地も神聖なものではなくなり、すべては「売り物」になってしまいました。そして土地の所有化に続き、今では水も民営化されようとしていますし、種も特許が付けられようとしています。すべてをこのシステムで市場化しようとします。

このシステムでは何が起きても科学や技術が問題を解決してくれると考える性質を持っています。さらにこのシステムでは経済は永遠に成長していかなければならないとされています。地球には限りがあるのに、そんなことが果たして可能でしょうか。本来、何事にも限界があるはずなのです。この経済中心のグローバリゼーションの世界では、世界を、地球を、一つの巨大な市場、マーケットと見ています。しかしこうした考え方は実は、ここ七〇年くらいのとても新しい考え方なのです。

大きな世界規模のシステムを作る時、邪魔になる人たちは排除されていきます。アメリカでは開拓時代、ヨーロッパから多くの農民が入ってきました。その開拓時代からすでに近代農業経済的な考え方が始まっていました。私の祖先もそうしてアメリカに渡った開拓民でした。西部に向かい開拓者を運んだ列車は、帰りには穀物や家畜をアメリカ東海岸やヨーロッパの市場に運んで行きました。

そして邪魔なアメリカ先住民は人とも思わず虐殺されていきました。先住民は、「所有」という概念に対して開拓者と異なる考え方を持っていました。彼らは人が土地を所有するのではなく、彼らが土地に属していると考えていたのです。ですから大きなシステムを作る時に、先住民は邪魔な存在として排除されたのです。

現代では大きなシステムに相容れない考えを持つ人たち、反対する人たちは時にテロリストと呼ばれたりします。私たちは人を分離させるために言葉がどのように使われるかということに気をつけなければなりません。レッテルを貼ることで、権力者は自らと違う考えを持つ人や集団を排除することができるのです。

「国家」でなく「企業」が世界を動かす

現在、世界で最も大きな経済力を持つ上位一〇〇団体のうち、半分を企業が占めているそうです。この中には国家も含まれています。世界には一九二カ国がありますから、少なくとも五〇社ほどの大企業が一五〇カ国のGDP（国内総生産）よりも大きな収益を上げていることになります。

私たちが世の中の仕組みを考える時、社会を動かしている主体として「国家」をイメージしがちですが、この事実から見えてくるのは私たちが「企業」という存在にもっと目を配り、それと直面しなければならないということです。企業は裏に隠れて表には出ようとはしませんが、彼らこそが政府に働きかけをし、もっと自由に自分たちのための経済活動ができるように政治を動かしている主体なのです。そしてその企業はますます巨大化して力を増しています。

並行して農業技術はどんどん進み、人工衛星から畑の状態をモニターして、一平方メートル単位で適量・適切に農薬を散布し、雑草や病害虫に対処する、あるいは化学肥料を適量・適切に散布する、収穫も適期に行う「クラウド農業」と呼ばれる技術が開発されています。

こうした農業技術の発達は、農薬や化学肥料の使用量を減らし、農家の生産効率を上げる「よい技術」とされています。アメリカの農業機械メーカーとモンサント社は、こういったシステムを動かすソフトウェア市場でどちらが主導権を握るか競い合っています。近い将来、コンピューターのクラウドベースのソフトがなければ農業ができなくなるような日も来るかもしれません。自分は関係ないと思うかもしれませんが、でも日本でも私たちの税金がこういった開発と研究に使われているのです。

農業経済では一人の労働力がどれだけの農作業をできるかで効率性を測ります。そして農業生産効率を追求していった結果、運転席もハンドルもない無人走行のトラクターが開発されています。効率化を追求していった末の答えとしては完璧ですが、まったくバカげています。大学や研究機関でこういった研究をしてほしいと思っていますか。望んでいないならば私たちは声を上げるべきです。日本政府や研究機関にその声を伝えるべきです。

アフリカに日本向け食料基地を確保

日本政府はまた、アフリカのモザンビークに一四〇〇ヘクタールの農地を確保して、日本の食糧生産のための輸出用作物の栽培に利用しようとしています。これは日本の農地の三・五倍の広さです。安倍首相は二〇一四年一月にモザンビークを訪問し、高速道路や港湾といったインフラ整備のために約七〇〇億円の援助を約束しました。生産した農産物をモザンビークの内陸から建設した道路で港まで運び、日本や東南アジア諸国に送るのです。

モザンビークには約七〇〇万人の農民が伝統的な農法で多品目の農産物を育てながら自給自足的な暮らしを送っています。彼らにとってこの事業は土地を追われ、生きる糧を奪われかねない一大事なのです。

モザンビーク政府に支払う借地料は一ヘクタール当たり一ドルです。ただ同然の値段です。日本だけでなく、韓国や中国企業も同じような事をアフリカで行っています。この大規模な農地開発を通して、もともとその土地に暮らしてきた小規模農業者やその土地の資源に頼って生きてきた人たちはどうなるのでしょうか。インフラ整備に使われた私たちの税金の七〇〇億円がなければできないことなのです。

こういう新しい農業技術や農地開発は、世界の人口を養うために必要だと言う人がいます。だとしたら、なぜ数十億もの人たちが世界で飢えているのでしょうか。それは今の経済システムが、お金を持っているかいないかでその人が存在するかしないかを決めるような性格を持っているからです。飢えている人たちはお金を持っていません。ですからこのシステムが飢えた人たちのお腹を満たそうとすることは決してないのです。

工業的農業がCO2排出の原因に

こうして飢餓に苦しむ人たちがいる一方で、世界では肥満がまん延しています。肥満を原因とする病気はどんどん増え、それが世界中の政府の医療保険システムの維持を難しくさせています。最近メキシコが肥満の人数でアメリカを抜きましたが、私はこのことと二五年前にアメリカとメキシコの間に発効した北米自由貿易協定（NAFTA）とは無関係と思えません。

この自由貿易協定によってメキシコの伝統的な農業が大打撃を受け、それまでの食生活ができなくなりメキシコ人たちはアメリカ式ファストフードを食べるようになってしまったのです。

こういう工業化された大規模農業のもう一つの問題点は土が痩せていくことです。雨が降ると有機物が足りないために土をとどめるものがなく、栄養のある表土が流されてしまいます。また一つの作物を大規模で育てる農業は生物多様性を失わせます。さらにそのような工業的農業は二酸化炭素排出の大きな原因にもなっています。

今世界で使われている石油エネルギーの一〇%は窒素肥料を作るために使われていると言われています。肥料の次に農業で石油を大量に消費するのはトラクター、そして三番目が除草剤と殺虫剤です。大規模化と機械化は、農村社会を荒廃させます。人々はますます機械に職を奪われ、都会でホームレスになっています。同じことが街の工場の中でも起こっています。先日読んだ新聞記事によると、さらに機械化を進めればアメリカの職場から四〇%の労働者がいらなくなってしまうそうです。この恐怖心や不安をトランプ氏は突いてきたのだと思います。将来への漠然とした不安。仕事を失ったらどうするか。保険も年金もない。あれもこれも移民のせいだ、イスラム教徒のせいだと誰かに矛先を向けることで自分を保つ内向きな自国第一主義に走っていくのです。

しかし私は人を攻撃することにこの恐怖心を向けるのではなく、周囲の人たちと協力して、地域に根差したコミュニティーや経済を共につくり、共に生きていく道を歩んでいくことに向けたいと思っています。

人を大切にする「地域のパン屋」

今、世界はグローバルな経済システムが広がっていますが、一方でその動きとそのシステムが向かう先に心を痛めている多くの市民もいます。私はそういう一人ひとりが、主語を「私」から「私たち」に変えられたなら、大きな力になっていくと思っています。私たちが一緒になって働くことで関係性を強め、既存の大きな経済とは違うあり方を提示していけたらと思うのです。

そして小さな地域のなかで人々がつながり、地域の経済をつくっていくとき、食べ物はとても有効な手段です。なぜなら私たちは誰も食べずに生きていくことはできないからです。

そういう考えのもとに二五年前、カナダのウィニペグという町で私は仲間と一緒にローカルベーカリー(地域のパン屋)を始めました。当時、アメリカとカナダは北米自由貿易協定を結び、生産した小麦の大半を輸出していた農家は大打撃を受けました。私たちは地域の農業を守り、農家と地域のつながりを再び取り戻すため、地域で取れた小麦粉を農家から適正な価格で買い取り、小さな製粉機で自家製粉してパンを焼くローカルベーカリーを始めたのです。

「トールグラスプレイリー」という名のこのパン屋は、後に町の人たちにとって地域に対する思いを変えられるほどの存在となっていきました。このパン屋の使命は、人と人、人と土地、農村と都市をつなげる働きになること、そしてお互いを信頼し尊敬し合い祝福し合うことです。

誰かを大切に思う、その思いが複数になって通い合う、そこには大きな力が生まれます。それが社会や地域、人の心を変えるくらいの大きな力となるということを、このパン屋は教えてくれました。そしてカナダを離れて日本に来て、私たちは「地域で支え合う農業＝ＣＳＡ」を始めたのです。

地域の食べ物を共に分かち合うＣＳＡ

ＣＳＡは「農業を通じて地域の人たちがお互いに支え合う」という意味として理解しています。しかし「Ｃ

ＳＡはこういうものである」と言葉で表してしまうと、一度ついたイメージが払拭できなくなるので、まずは「ＣＳＡでないもの」を挙げていきながら、ＣＳＡと何なのかについて伝えたいと思います。

まず大きな経済システムでは、消費者がいて生産者がいて、それぞれがお互いに地域の反対側に住んでいたりします。だからお互いがよく分からない。そして両者をつなげているのは市場が決定する価格です。生産者は高く売りたい、消費者は安く買いたい。だから両者は敵同士なのです。そういう存在として生産者と消費者があるのが今の経済です。ＣＳＡはそういうものではありません。

そのような経済では、生産者にとって売ることがゴールです。ですからできるだけ安く生産して高く売れるのが最も良いことになるのです。効率よく生産して見栄えもよくないといけないので、機械を入れて大規模化し、農薬をたくさん撒くようにもなります。しかしＣＳＡはそれを目指しません。ではＣＳＡは大手の流通システムの穴場を狙った隙間産業かといえば、そうでもありません。「農家は大変そうだ」と都市部の人たちが心配して「あれだけ頑張っているのだから応援しよう」と農産物を買うというのも、ＣＳＡとは違うのです。

では何かというと、ＣＳＡとは「食べる人と作る人が一緒に農業をしているという思いになること」だと私たちは思っています。それは一緒に農作業をするということではなく、農家にとって食べ物を生み出してくれる土地が大事なのと同じように、食べる人もその土地のことを大事に思うということなのです。

食べることを通じて次の世代も豊かに作物を育て続けることができる土づくりに積極的に参加している、あるいは農場で働く人の生活を支えているという意識を持つことができる。作る側も食べてくれるあの人の健康を支えるものを作りたいと思う、おいしいと言って食べてほしい、だから農薬を使わないで作る。そうやってお互いを大事に思うからこその農業があり、食べ方がある。ＣＳＡとは地域でとれた食べ物を共に分かち合うこと、互いを信頼し、支え合うこと、そこに基づいて小さな経済を地域で一緒に作っていくこと、そういう生き方がＣＳＡなのです。

「人と作物と大地の命ある生きたつながり」

これは人と作物と大地の命ある生きたつながりなのです。まずこの意味を身体の中に染み込ませることがとても大事だと思います。なぜかというと、グローバルな経済の仕組みが実は私たちの体の中にしっかりと染み込んでいるからです。それが当たり前になっているために、そうでない生き方を選ぶ時、「人と作物と大地の命ある生きたつながり」という考えに繰り返し立ち返ることが必要になってくるのです。

ですからＣＳＡはノウハウではありません。「こういう仕組みでやれば全国どこでもＣＳＡが始められます」というものでなく、その土地で作物を作っている農家がいて、地域の農家が作ったものを食べたいと思っている地域の人たちがいて、その両者がどういう形がよいかと話し合って一緒に作っていくものなのです。地域ごとに違う形態があって、それが一番よい形だと思っています。

では実際に私たちが行っているＣＳＡについてお話ししたいと思います。

ＣＳＡを始める時に、私たちは農場の広さや労力を考えて八〇軒の会員さんが食べるぐらいの野菜を育てようと決めました。北海道は冬が長いので、私たちが野菜セットを提供できるのは五月から一二月までの間なのですが、その間、八〇軒の家族に隔週配達で一回に一〇～一五種類ぐらいの野菜を届けています。価格は一年間の生産コストを軒数で割ったものを一軒当たりの年会費として、基本的に春に納めてもらう形を取っています。

農作業の経費は春にかかるものが多いので、収穫を迎えるまで農家はやりくりが大変ですが、私たちは一年間運営するのに十分なお金を作付け前に会員の皆さんからいただける仕組みにしています。五月から一二月まで隔週配達すると年間一五回ほどの配達になりますが、それで一軒当たり三万八〇〇〇円ほどの年会費となります。豊作でも不作でもこの金額は変わりません。

一般的には不作のリスクは農家が全部負いますが、私たちのCSAではそのリスクを食べる人も一緒に負うのです。天候不順で作物が取れなかったら、すごく少ない量しか届かないし、逆に豊作だったらたくさん届くようになります。

ですから最初は四万円近くもの金額で、一年間にどれだけの作物が来るのか分からないという不安とともに会員になられた方が大半でした。

今では隔週配達ですが、最初のうちは毎週届けていたので、年会費は六万円と高額でした。なので三回払いを受け付けたり、スライディングスケールという方法も取り入れていました。これは一定の価格幅の中で、その家庭の経済状況に合わせて会費を選べる仕組みです。メノビレッジの場合ですと、平均額の六万円を中心に置いて最低額は四万円から最高額八万円まで、その枠の中で自分たちが払える金額で参加していただいています。

土づくりの大切さを自らのことと思う会員

受け取る野菜は支払った価格の多少にかかわらず内容も量も同じものです。「子育て真っ最中でお金がかかるから今は最低額でしか参加できないけれど、一生お付き合いしたいからそのうちに返していくつもりです」と言って参加してくれた子育て世代、「こういう野菜は小さな子どもたちのいる家庭で食べてほしいから私たちは最高額で参加します」という子育てを終えた夫婦もいて、この仕組みで毎年なぜか全体として必要なお金が集まっていました。

私たちは自ら配達をしているので、食べる人と直接出会う場面があります。「この人たちが食べる」と思うからこそ、農場での作り方もおのずと変わってくると感じています。人に任せて届けてもらうと気が楽ですが、だからこそ直接、会員の皆さんと出会う緊張感がよい農業につながると思っています。

CSAでは何がどれくらい届くかは受け取るまで分からないので、会員の皆さんは届いた野菜を見てから献立を決めることになります。一年間の契約なので、「しまった」と思っても止めることはできません。そして一年を通して届く旬の野菜を食べ切るうちに、会員皆さんの身体や考え方が少しずつ変化していくようなのです。例えばだんだんと天気を気にしてくれるようになります。街に住んでいると晴れがよい天気で、雨だと悪い天気となりますが、雨が降らずにレタスがどんどん苦くなってくると、「雨が欲しいよね」と言ってくれるようになりました。

会員の皆さんは、自分たちが安心・安全な野菜を食べたいという思いでメノビレッジのCSAに参加した方が多いので、最初はお客さん感覚でした。でも配達の時にはいつもお便りを書いて渡して、農場の様子から環境問題、政治や経済の問題、農業を取り巻く問題などを少しずつ伝えてきました。野菜を食べていただき、配達で直接対話をし、一緒に勉強をして、七年、八年と何年もかけて時間はかかるのですが、会員の皆さんの関わり方や感じ方が変わっていくのが実感できます。メノビレッジの土づくりの大切さを自分のこととして思ってくれるようになってくるのです。

小さいところで経済を回す

日本では小さいころから「人の世話になるな」「迷惑をかけるな」と教えられますから、自分を守るのは自

メノビレッジ長沼のエップ・レイモンドさんと荒谷さん

分しかいないし、自分の家族を守るのは自分しかいないという感覚が根強いです。また今の経済のあり方もそれを助長しています。でももっとお互いに信頼し合って、そこに身を委ねることができたなら本当の幸せ、喜びがあると思うのです。でもそれが本当に難しい。だからこうやって時間をかけてお互い徐々に変わっていったのです。

私たちは農家を支えるための仕組みを作りたいのではなく、私たちがどういう社会に住みたいのか、その理想とする社会の中の農業はどんな形がよいのかを会員の皆さんと一緒に模索する気持ちで、CSAを続けてきました。

今の経済では農家は孤立していて、食べる人たちは隔たりの場所で、自分はいったい何のために農業をやっているのかと思っている人も中にはいるのだと思います。でもこうして食べる人と直接につながりお互いに支え合う輪を広げていくことで、誰かが本当に自分のこと、自分の家族のこと、自分の生活のことを思ってくれている、生活を通してつながっていることが希望を与えてくれます。それが前に進む力を与えてくれるのです。そうやって人と人がつながり合って、小さいところで経済が回るようになったら、本当にいろいろな良いことが起こってきます。

「食べ物」は地域経済にとって有効な手段

自分たちの手で食べ物を育て、そこから生まれたエネルギーを土に返し栄養を地域内で循環させることは、温暖化や環境破壊を減少させることにつながります。また地域でとれた農産物を地域の小さな加工場で加工して販売したり、地域の資材で自分たちの堆肥をつくったりすることは、地域に仕事を生み出します。そして地域で生産されたものを買うことで、自分たちが使ったお金が首都圏やどこか遠くの外国に出て行ってしまうのではなく、地域で働く人の手に渡り、地域にとどまって自分に返ってくる割合も高くなるのです。

今の社会でローカルな生き方を選ぶことは、勇気を必要とすることかもしれません。しかし何もしないで、大きな仕組みに流されていった先にどんな未来が待っているのかと考えたら、リスクがあってもローカルの道を選ぶことも必要でないかと思います。

ローカルでは自分の行いが人や大地、自然にどういう影響を及ぼすか、身近にある現実として見えるからこそ、それらを大切に思いやることができます。顔と顔の見える人格を持った人間同士の間柄で、自分たちが育てた野菜を届けることで感謝され、食べてくれるあなたのサポートがあるお陰で私は生きることができていると感謝することができます。命を支える「食の経済」を創るのは、小さな地域のなかでこのように思いやりの心を分かち合う「私たち」のつながりなのです。

エップ・レイモンド

一九六〇年、米国・ネブラスカ州の農家生まれ。両親は三〇〇ヘクタールの大規模農家だった。大規模化による人口減少、環境汚染、地域コミュニティーの崩壊に疑問を感じ、カナダの大学へ入学。卒業後に荒谷明子さんと知り合い結婚。一九九四年に来日し、長沼町で新規就農した。

10 ローカリゼーションが人々を幸せにする

環境活動家
ヘレナ・ノーバーグ＝ホッジ

西洋文化に侵されたラダックの若者たち

今、世界中で多国間における貿易協定の交渉が行われ、結ばれようとしています。そのような協定は大企業にとってより貿易しやすい仕組みを作り出し、大企業がますます力を持ち、政府を越えて世界中の人たちに大きな影響を与える時代になっています。

私がこうした問題に目覚めたのは、チベットの端にあるラダック（インドのジャンムー・カシミール州東部の呼称）を訪ね、映画『幸せの経済学』（注）を制作した時からです。ラダックにはもともと伝統的な暮らしがありましたが、道路ができると西洋文化やその文化に関連した食べ物などの物資がどんどん入ってきました。そしてラダックにあった地域経済がどんどん破壊され、文化的な価値観が喪失していきました。特に若者たちが西洋の価値観に感化されて、「自分たちは遅れた者だ」と考えるようになっていました。

そういった変化をラダックでつぶさに見た時、私は自分自身の国であるスウェーデンを対比して考えました。スウェーデンに戻って改めて知ったことは、フィリップモリスのように非常に大きな食品流通を担っている企業があるということです。フィリップモリスはタバコを扱う会社ですが、母国では食品を扱う一大企業でもあります。

この大企業は世界で貿易がしやすくなるように、諸国間の規制などを取り払うべくスウェーデン政府に圧力を掛けたりしていたのです。世界中の国が貿易協定を結んでいますが、その協定を政府が結んでいるかというとそうではなく、こういった大企業がより自分たちの商売しやすいようにと、政府に圧力をかけて国と国の間にある規制を取り払っているのです。

ヨーロッパの中でも国と国が通商条約を結んでいますが、私たちが注意しなければならないのは、こうした協定は企業がより力を持ち、より利益を上げられるように作られていることです。

自由貿易は民主的でない

私たちは今グローバル化された社会に生きていて、世界規模の市場が個人の生活や文化、経済も、環境を支配する時代になっています。それを「国際的にコラボレーションしている」とか「コミュニケーションを取っている」などと肯定的にとらえる人もいますが、実際には国と国とが協定を結んでいるというよりは、企業と国家に関係性があることに注目すべきです。

今結ばれようとしている自由貿易協定の中には、皆さんご存じの環太平洋連携協定(TPP)があります。環大西洋貿易投資協定(TTIP)はアメリカとヨーロッパが交渉中の自由貿易協定ですが、日本が入っていないからといって関係ないと考えることはできません。なぜなら協定が結ばれると多国籍企業が力を持ちます。マクドナルドであったり、モンサント社であったり、日本にも進出している企業がさらに力を増しますので、日本の皆さんにも非常に関係のある協定と言えるのです。

このような自由貿易協定の問題点はたくさんありますが、まず挙げなければならないのは「民主的ではない」ということです。秘密裏に交渉が進められているからです。環境に関する決まり事をすべて取り払おうという動きも大きいです。労働者の権利が危うくなり、失業者が増えていきます。さらに富む人と貧しい人の格差もどんどん広がっていきます。

一番恐ろしいのは、企業がある国の政府を訴えることができるようになることです。自分たちの利益を守るために国が訴えられる投資家・国家紛争解決条項（ＩＳＤＳ）と呼ばれる仕組みが、貿易協定にはあるのです。スウェーデンの原子力発電企業はドイツ政府を訴え、賠償金として四〇億円を請求しています。

企業の圧力によって企業への規制はどんどん緩やかになり、企業がより利益を得られる仕組みができます。と同時に国は国内の中小企業に対する規制を強めて税金を上げ、逆に多国籍企業に対しては課税しないという動きになっています。特に石油企業に対しては多額の補助金を与えています。

構造的問題を投げかける自由貿易

まさに社会の仕組みに問題があるのです。人々の間に貧富の差が開いていくことも、企業が巨体化し環境を破壊しないと操業できないようになっていることも、社会の仕組みに問題があるのです。

いま世界の三五億人が持つ資産と、世界で一番豊かな六二人が持つ資産が同じ額という現実があります。人々の暮らしがどんどん苦しくなり、社会がグローバル化していくにつれて、多様性が失われていき画一化された環境や経済、社会になってしまっています。さまざまな価値観を大切にする文化にしても単一化され、世界で同じものが広がっています。多様な言語、言葉も失われています。言葉が失われる時、文化も同時に失われていきます。

特に問題なのは、子どもたちに対する影響です。アメリカでは一日に一人の子供が受け取る広告の量が、三〇〇〇種類にも達するそうです。「子どもたちが何を買うか」という問題を越えて、「自分たちは何者なのか」という根本的なところに大きな影響を与えているのです。

ラダックでも広告を見た子どもたちが「もっと肌の色が薄くなったらいい」とか「髪の毛も金髪のほうがいい」とかと思い、青いコンタクトレンズを使うなど外からの価値観に影響されてしまっている状態があります。

「自分は何者か」という問いは、ラダックだけの問題ではありません。スウェーデンに帰ると、金髪で青い目をした六歳の女の子が「私は太りすぎているからもう食べたくない」と言っていました。死にそうなくらい痩せているのに、食べたくないと言う。アメリカに行くと、女の子たちだけでなく男の子たちも整形手術をして、「もっと格好良くなりたい」と言う。影響を受ける年代もどんどん低くなっています。このように自由貿易というものが社会や環境にどれほど構造的な問題を投げかけているのか、気付いてほしいのです。

地域で循環する経済活動を

その一方で、とても希望のあるニュースもあります。世界中で巨大な貿易協定に反対する声が上がっていることです。アメリカでは多くの市民が目覚めて、大統領選挙ではトランプ氏もクリントン氏も貿易協定について語らずにはいられない状況になりました。市民が貿易協定の負の側面に目覚めて、それについて候補者がどう考えているのかを求めているからです。

大切なのは、社会の仕組みを変えることです。税金の掛け方、補助金の与え方もそうですし、巨大な多国籍企業を優遇するのではなく、国内企業の経済活動で社会が回っていく仕組みを作ってほしいと要求するのです。

私たちは政府に対して、大企業のための貿易協定でなく市民のための新しい貿易協定を作ってほしいと訴えるべきです。市民が参加して、その声を貿易協定に反映できるようなテーブルを設けることを要求すべきです。ヨーロッパでは九〇を超える市民団体が集まり、そのような活動を行っています。

私たちはまた、国内総生産（GDP）という言葉をもっとよく考える必要があります。たとえば自分たちの庭で自家野菜を作り、スーパーなどで野菜を買わないとGDPは下がりますが、病気になって入退院を繰り返したり、広告で宣伝されている物を買ったりするとGDPは上がっていきます。

もう一つ問題なのは国際的に活動する銀行が、今までよりも投資をして利益を得る自由がどんどん与えられていることです。世界のメガバンクがお金を増やす一方で、逆に国の借金はどこも増えています。日本もそうではないでしょうか。ですから銀行も国内規模に活動範囲を縮小し、中央から地方にお金を分散させて、地域内でお金が循環していくことを経済活動の基準にすべきなのです。

再生可能エネルギーも開発されていますが、ほとんどは規模が大きすぎます。中央で大量に作って地方に送るのではなく、地方で必要とするエネルギーをどう作り循環させていくのか。自分たちの地域に根差した形で、適正規模の再生可能エネルギーを地域に分散させていくことが大切だと思います。

主語を「私」から「私たち」に広げる

社会の仕組みを変えるためには、私たちは政治的に働きかけていくべきだと思います。今政治家たちは、自分たちを後押ししてくれる大企業と強く結び付いています。しかし小さくて地域に分散している各地域の市民やグループをサポートするような政治に変えていく。そこにプレッシャーをかけていくということはとても大切で緊急な課題だと思います。

政治は変わらなければならないとは思いますが、順番でいうとそこが一番ではないと私は思います。というのはまず私たちがすべきことは、自分ひとりで政治に対処するのではなく、仲間を作ることです。主語が「私」から「私たち」になれるように、二人三人でいいので、そういう仲間を作る。そして組織として政治に語りかけていくやり方が必要だと思います。

政治に対して反対の声を上げたり提言したりする活動と同時に、すべきことは小さくてローカルな暮らし、地域社会を作っていく作業です。これは本当に草の根からの活動です。大地の根から育ってきたような取り組みは力強い。特に食べ物をローカルにしていこうという取り組みは力強くて健康的であると私は信じています。

イタリアでは、「五つ星運動」が大きなうねりとなって、わずか六年間で参加者が有権者数の三〇％にも達し、政治的にもインパクトのある組織に発展しています。運動で特徴的なのが、地域で小さなグループをいくつも作って集まっている点です。

南アメリカで始まった「ラビアカンペジーナ」という運動も広がりを見せています。中小規模の農家、漁業者、林業者を中心に六九カ国、一四八組織で構成し、二億人が参加する世界で最も大きな市民団体です。関税と貿易の一般協定（ＧＡＴＴ）のウルグアイラウンドの影響を受けた人たちが立ち上がって始め、日本や北欧にも大勢の参加者がいます。

大企業主体の世界経済の仕組みについて、私たち市民はあまりにも知らされず、情報も少なく、学校でも教えられていません。私たちは非常に視野が狭くなっています。政府もビジネス関係の人たちが農村を訪ねても、上から目線になってしまい、そこに暮らしている人たちの発想を持つことができません。ですから世界中のどこで何が起きているのか、私たちはもっと知るべきです。そのために一番必要なことは教育だと思うのです。

多様性のあるローカリゼーション

ここからローカリゼーションについてお話しします。今まで見てきたグローバリゼーションとは全く逆の特徴を持っているのが、ローカリゼーションです。民主的な取り組みですし、環境に対するダメージが少なく生態系や文化の多様性も保つことができます。自然との関わりも地域レベルになるので、自分たちの行動が地域にどう影響を与えるのかもよく見えます。誰が何を作っているのか、働いている人たちのこともよく分かってきます。

どこで何が生産されているかどこで何を消費しているか、その距離がどんどん縮まり、人と人との関係性や人と自然、大地とのつながりも築いていけます。そこにコミュニティーも生まれます。そういった関係性やつながりが人間らしい生き方だと思うし、それが人間の幸せな生き方だと信じています。

ローカリゼーションの中で私自身、一番中心となるのは「ローカルフード」だと思っています。食べ物は人類すべてが毎日必要なものなのです。その地域で採れる食べ物を地域で循環させる「ローカルフード」の仕組みを作り上げていくと、輸送にかけるコストや時間がどんどん少なくなります。遠距離からの冷蔵や包装も減ります。化学肥料や農薬も減らせるので、生産に必要な化石燃料の使用も減らすことができます。

そしてこれまでの慣行農業から、有機栽培、無農薬栽培、自然栽培に転換しやすくなります。そして実は生産、収量も上がっていきます。さまざまな種類の作物を多様に作付けすると、面積当たりの収量はより多く上げることができます。地球全体の人口が増えて一人当たりの土地面積が少なくなる中で、大企業が進めている大規模農業とはまったく正反対にある農業のあり方です。このやり方で取り組めば、もっと多くの人たちの仕事が得られます。

たとえばある土地にいろいろな農作物が育てられて、家畜が何種類も飼われている。高さもまちまちの樹木もその土地の中で育てられていることを想像してみてください。農産物、家畜、木材から上がるそれぞれの生産額を全部足した時、その土地から得られる生産量は、単一作物を栽培する大規模農業よりは高くなるのです。ただ残念なのはそういう研究がしっかりとされていないので証明できていないだけなのです。小規模でも多様で複合的な農業経営のやり方と、単一作物の大規模農業を比べた時に、面積当たりの収量は多様性のある農業の方がずっと多いということです。

世界に広がる多様なローカリゼーションの営み

農家と買い手のいる市場の距離が近くなればなるほど、多様な農作物を届けられる仕組みにもなっていきます。こういった仕組みは、どこでも同じやり方をしているのではなくて、その地域、その土地に合ったいろいろなやり方があります。ファーマーズマーケットや農家の直売所、ＣＳＡといった「地域で支え合う農業」といった形態もあります。若者の間で広まっているパーマカルチャーという運動もあります。これは自分たちの家の周囲で小規模に食べ物を作って生計を立てていくという新しい生き方です。

デンマークでは三年前、日本の生活クラブ生協に学んで消費者組合が始まり、今では二一もの組合が発足しました。注意すべきことは健康的な農業を支えていくためには適正な規模が必要で、生活クラブ生協は組織が大きくなりすぎたのではないかと思っています。健康的な農業を支えていくためには大きくなりすぎない適正な規模も大切な点です。

中米のコスタリカでも食べ物を中心にした市民の活動が広がっています。農家や食べる人たちにとっても、環境にとってもいいという三者みんながウィンウィンの関係になる取り組みです。

イギリスでは食べ物の一〇〇％近くが地元産を扱う食料品店も出てきています。五年前に始まった「トータリーローカリー」という取り組みで名前も素敵です。農家だけでなく多くの地元中小企業も参加して、地域でお金と物を循環させるための教材のようなものをみんなで一緒になって手作りして実践しているのです。

誇りを取り戻した農村地域も

食べ物だけでなく、いろいろな事柄をローカルで進めていこうという取り組みも広がっています。たとえば地元でエネルギーを作ったり地域の有志が集まって基金を設けて、家を買いたい人や新規就農する若者たちに融資したり、森を守る取り組みに貸し付けたりする運動も実際に行われています。だいたい五〜七％の利子を付ける例が多いですが、無利子でお金を貸すスローマネーという取り組みをしているところもあります。

イギリスでは起業を希望する人たちが一年に一回フォーラムで発表する場があり、その発表を聞いた参加者が「いいな」と思う活動を応援する方法もあります。もともとはテレビ番組で同じような内容のものがあったのですが、それを市民バージョンに変えたのです。

私の友人が都会から農村へと移り住む「エコビレッジ」を始めましたが、スリランカやセネガルといった国々にも広がっています。もともと農村に住んでいる農家にとっては、自分たちはあまり賢くないなとか時代遅れだと感じている場合があるのですが、都会の人たちが農村での生活を選択するようになると、農村地域の人たちにも誇りというか、肯定的にとらえる感情が高まっていきます。ここに挙げたような取り組みによって、ローカルな地域の経済や社会が強まり、地域の力を取り戻すようになってきました。

自然とつながる命と暮らし

皆さんが実際に行動を起こそうと思った時に、私たちは次のポイントを勧めています。一つ目は、「人とつながること」です。二人、三人でもいいので、人とのつながりを持つことをまず勧めます。

次は「より知っていく」ことです。教育のことですが、自らも教育し周りも教育していくことが大事で、どんなことが今社会で起きていて、どう抵抗しなければならないか。私たちはどんな生き方を目指し、何を作り上げていくのか、そこをしっかりと学んでいくことを勧めます。

最後にお勧めしたいのは、「祝福し合う」ことです。私たちを取り囲んでいる美しさを共にいる仲間と祝い、喜びを感じて感謝する気持ちを共有することです。

環境活動家のヘレナ・ノーバーグ＝ホッジさん

私たちを取り囲んでいる自然と、もう一度深く自分の命と暮らしがつながり合っている。そのつながりをもう一度取り戻すこと。今のような経済的支配が私たちの暮らしに及ぼす前は、自然と生命のつながりのなかで食べ、歌い、踊るような暮らしがどの地域にもあったはずです。

生活のなかで祈る気持ち、静かに瞑想をする時間も大切にしてきたでしょう。もう一度、そうした暮らしを取り戻し共に命を喜び合い幸せを感じ合うことが必要です。私はそれをラダックに行って、彼らと共に暮らすなかで学びました。

こうした動きは、私たちが考える以上に早く進展すると思います。人々が目覚めていくことが、その出発点です。

注　映画『幸せの経済学』（二〇一〇年製作、六八分）――消費文化に翻弄されるラダックの人々の姿を描く中で、グローバリゼーションが地域に与える負の側面を浮き彫りにし、人々が暮らす日常生活の中で本当の豊かさとは何かを問いかけている作品。世界中に広がるグローバル化の波は、外国人立ち入り禁止地域だったヒマラヤの辺境・ラダックにも押し寄せ、彼らの伝統的な生活スタイルは一変し、アイデンティティや伝統文化の誇りまでも奪ってしまった。ヘレナ監督は、解決の糸口としてグローバリゼーションの対極にあるローカリゼーションを提案し、その実践が人と人、人と地域、人と自然とのつながりを強め、地域社会の絆と共同意識を再確認する中で、人間が人間らしく暮らしていける豊かさを取り戻せると説いている。

ヘレナ・ノーバーグ＝ホッジ
スウェーデン生まれ。世界のローカリゼーション運動のパイオニアで、グローバル経済がもたらした文化や農業に与える影響に関する研究の第一人者。一九七五年、インドのラダック地方が観光客に開放された際の海外からの最初の訪問者の一人で、言語学者としてラダック語の英訳辞典を編纂した。二〇一〇年にドキュメンタリー映画『幸せの経済学』を制作、著書『ラダック　懐かしい未来』は日本語を含む四〇の言語に翻訳された。

補遺

種子《たね》は人類共有の財産？ それとも企業の所有物？

エップ・レイモンド

種子法廃止でアメリカと同じ道を歩む日本

農と食の一連のシステムのはじまりとも言える「種子《たね》」ほど大切なものはありません。地域経済を活性化するためにも、農家や農村の発展のためにも、女性が活躍できるためにも、そして持続して安全な食料を日々得るためにも、種子は大切な役割を果たしています。

種子なくして食べ物を作り出すことはできません。それゆえ人類の命運は、種子を所有し支配する者、世界の多様な遺伝資源を所有する者、作物品種の開発を支配する者によって握られているといっても過言ではありません。ですから私たちはこの国の種子に関する法律がどのように変えられているかということに最大限の注意を払っていかなくてはなりません。

日本政府は二〇一七年二月、「主要農作物種子法」という、これまで作物品種の研究と育種を公的に担い多様な品種を守ってきた法律の廃止を閣議決定しました。なぜ日本政府は公的な研究や育種を放り出す決定をしてしまったのでしょうか。その本当の理由をつかむためにはこれまでの歴史をひもとく必要があります。

種子法廃止は、突然降って湧いた出来事ではありません。歴史は一貫性のない出来事の連続ではなく、未来は過去から体系的につながって起こるのです。そして日本の種子法廃止を巡ってこれから起きようとしている変化は、これを推進しようとする人たちが抱く社会・経済・自然環境をとらえる世界観からすればしごく真っ当な出来事であり、これはすでに世界のいろいろな場所で起こってきた「よく知られた道すじ」だということが、私には明らかに見て取れます。

それは数十年前にアメリカがたどった道すじでもあります。アメリカでは国が種子の公的な所有や責任を手放し市場原理にそれらを委ね民営化した結果、高収量品種の種子と化学肥料・農薬を併用する近代的な工業化された農業が進められ、伝統的な農村コミュニティーに大きな変化がもたらされました。

「緑の革命」がもたらした負の側面

アメリカ・ワシントンに本部を持つ「国際農業研究協議グループ（CGIAR）」によって進められた高収量品種の導入は「緑の革命」として知られています。「緑の革命」とは一九六〇年代後半、飢餓を撲滅するという目的をかかげて先進諸国が世界中の発展途上国に対して行った農業の技術革新のことです。

研究者たちは品種改良がなされた奇跡の穀物が、農薬や化学肥料の多投、十分な灌水など特定の理想的な条件のもとでかなりの高収量を実現することを見出し、その種子を広く途上国の農村に普及しました。農民たちは、これまで自分たちの手で守りつないできた伝統品種に代わり、この新しい奇跡の品種を育て始めましたが、この技術革新は地域間の不平等・農場間の所得の不平等・農業規模の拡大・特定の作物生産への特化・機械化の加速・労働者の解雇・生産物価格の下落・土地保有形態の変化・土地の値上がり・外部から購入する生産資材の増加・化学肥料と農薬への依存・多様な遺伝資源の喪失・病害虫に弱い単一栽培の拡大・環境の荒廃といった社会的・政治的・生態的な問題を引き起こす原因ともなりました。

私たちはこのように新しい品種の開発が農業を、そして農民たちの暮らしや経済や文化をも大きく変える原因になることにどれほどの注意を払ってきたでしょうか。日本における公的育種も緑の革命と同じく「増収」や「経済効率の高い農業形態」を目指して進められてきており、その意味において日本もすでに「緑の革命」を経験しているのだということに、どれだけの人が気づいているでしょうか。

実際のところ、農業における新しい品種や技術の開発は農業や農村コミュニティーのみならず、社会全体にも大きなインパクトを与えてきました。一九七七年に行われた米国農学会で、植物生理学者のボイジー・デイ氏は次のように言っています。

「現代において私たちが経験している多くの社会的変化は農学者によって引き起こされている。私が『農学者』という時、どんな分野であれ作物の生産にかかわる科学者のことを指す。彼らがもたらしたことは、田舎の農業生産的な社会を都市的なものに変えることだった。彼らによって導入された一つひとつの革新によって、農民は労働の場を奪われ都会へ流れていき、社会全体を変えてしまうほどの変化を巻き起こした。おそらく一九七七年に行われる政治家、官僚、社会変革者、またはアナーキストたちによるどんな会議よりも、作物や土壌学者が集う米国農学会の会議ほどこの国の社会構造を大きく変えることができるものはないであろう」。

『はじめに種子ありき』と『種子の法』

新しい品種や農業機械の研究・開発とその導入は、都会を中心とした工業化された経済を創り出し発展させていく影の立役者となりました。第二次大戦後、日本政府が種子法を制定し公的機関で作物育種に取り組み始めた時、政府や研究者はこのことをどこまで理解し、意識していたでしょうか。

ここでは、ウィスコンシン大学の農村社会学者であり『はじめに種子ありき』の著者でもあるジャック・クロッペンバーグ氏の研究を紹介しつつ、アメリカにおいて民間企業による育種改良が進む中で種子にかかわる法律がどのように変わっていったのかを学びます。そしてそこから今後日本で育種と種子に関わる法律がどのように変化していこうとしているのかを考えていきたいと思います。最後には、歴史上はじめて種子の問題を公に発言したパット・ムーニー氏の一九八三年の著書『種子の法』を紹介しつつ、この歴史的な流れにどのように対処していけばよいかについても提案したいと思っています。この二冊の本が私たちの日々の暮らしに、もっとも重要ともいえる種子の問題について非常に鋭い洞察を与えてくれると信じています。

クロッペンバーグ氏の分析は、「作物の育種改良は資本主義という歴史的背景の中で行われてきた」という前置きから始まります。そして「そうだとすれば、作物育種と種子の生産が資本を増大させるための手段として用いられたというふうにも言えるだろうか？　もしそう言えるのであるなら、それはどのようにして達成され、どんな影響を社会に与えてきたのだろうか？」という問いへと続きます。

クロッペンバーグ氏の論考の舞台はアメリカですが、ここで取り上げたいのは日本における種子をめぐる動きについてなので、ここでは日本のこれまでの品種改良に焦点をあてたいと思います。私はこの分野の専門家ではないので自身の知識の限界があることを理解した上で、クロッペンバーグ氏が提示してくれた前置きと問いに導かれながら、日本における作物の品種改良についての分析を進めていきたいと思います。そしてこの重要なテーマについて広く市民の間で議論を深めてもらうための道案内になるような洞察が得られることを期待します。

「生きていくため」から「余剰生産を生み出す」農業へ

戦後の日本の高度成長と急速な近代化は世界からも奇跡と見られてきました。近代化は農業という分野において「生きていくための農業」から「余剰生産を生み出す農業」へと変化していくことを求めました。品種改良を含む技術の研究・開発は、商品となる余剰農産物を生み出すことに貢献し、機械化や農薬の普及により農村の労働力は以前よりもいらなくなりました。はじき出された農業労働者は新たな生活の場を求めて都市へと移動し、資本家に彼らの労働力を売ることとなりました。食べ物は都市労働者のための「商品」となり、やはり商品化された労働者の「労働」によって購入されるようになりました。そうして日本全体が資本主義経済に組み入れられていったのです。

この筋書きに種子の品種改良が演じている役割を無視してはいけません。公的機関が作物育種を行い新しい品種を開発し普及することは国家の食料安全保障につながるといわれてきました。それは公的な資金を使って公共の利益を追求するということです。しかしそのことが日本経済の近代化を後押しする一助となり、結果として企業の資本の蓄積をうながしたということについて、日本の政治家はどこまで理解しこれを意識的に行ってきたのでしょうか？　私はその答えを持ち合わせていませんが本当のところはどうなのかについて知りたいと思っています。一方で私たちが知っているのは、公的な育種開発によって農家は良質で安価な種子を安定して手にすることができてきたということです。そして同時に、その公的育種も含む農業の近代化を通して日本という国が企業の資本の蓄積をうながし今や近代経済国家になったということです。

種子法廃止にあたり農家の権利は議論されたか

民間の種子会社が資本の蓄積を目指して育種開発をしようとする時、日本政府がこれまで行ってきた公的な育種の取り組みは市場経済と民間企業の利益を阻害する障壁とみなされます。

アメリカでは民間企業で育種を行う研究者たちが、公的機関の育種開発に対して議論を巻き起こしています。彼らは「育種に公的資金を投入することは民間投資に対して不平等な競争を強いるものであり、民間が行っている研究を公的機関が二重に行うことはまったく無駄なことである」と言っています。政府が担うべき役割とは本来、民間投資と企業の資本の蓄積を助けることであってそれを阻害することではないのだというのが彼らの主張です。

日本の経済界は昨年、参議院農林水産委員会の場で公的育種の廃止が議論された時、これと同じ論理を用いました。「都道府県の試験場で公的な資金を使って作物を開発することはこの分野への民間の参入を阻害するものであり、これは公的機関による民間企業の抑圧である」と。そして農家や市民の声を聞かず、衆参両院合わせてたった一二時間の審議で種子法の廃止を決定しました。民間企業の資本蓄積が日本という国にとって重要な経済活動であるという認識がこの決定を促したのは明らかです。一方で農家の権利が議論において加味されたかどうかは不明です。

種子を商品化する民間企業

民間企業は、公的機関が行う育種開発をすべて阻止することを望んでいるのでしょうか。クロッペンバーグ氏は、民間企業に雇われた育種研究者たちが専門家の集まる会議や専門誌を通して提案しているのは、公的研究機関をなくせということではなくその役割を再定義しろということだと言っています。彼らは公的機関における研究は「基礎」を提供するものであり、民間企業の研究はその「基礎」の上に築き上げられ、そうして「適応」させた品種は企業の所有物として公開できるのだと主張します。

それは新たな「分業」のありかたです。その主張にそえば新たな種子を開発するための基礎研究に種子会社は一銭も投じることなく、その役割は公的機関が公的資金、つまり税金を使って担うことになります。そして種子会社はその基礎研究を元に開発した「種子」を彼らの商品として私有化し、市場に放出できるのです。

種子は播いて育てると増えていきます。もし農家が自分の育てた作物から種子を採り植えることを毎年くりかえすならば、種子会社が新たな品種を開発する理由はどこにもありません。しかし農家に種採りをやめさせることができたなら、種子会社が品種改良にとりくむ経済的な動機が生まれます。一代交配種（F1）の開発は、農家にとっての種子を「経済的に不毛」にし、種採りをやめさせるための一つの方法でした。F1の種子は、味や見た目、収量、病害虫への耐性など、農家や消費者にとって好ましい形質を備えていますが、F1の種子から育った作物が実らせた種子を植えても親と同じ形態のものは育たないので農家にとって種を採ることはもうけにつながらず、新しい種子を買って生産せざるをえないのです。

民間企業はF1種で資本を蓄積

F1の種子を開発することによって種子会社は農家に自家採種をやめさせて毎年新しい種子を買わせることに成功し、種子を「資本蓄積の手段」とすることを可能にしました。資本蓄積への欲求はとどまることを知らず、企業の吸収合併を引き起こし、その結果、世界の種子市場の大半はほんの少数の種子会社によって独占されることになりました。この吸収合併には種子会社だけでなく、世界最大の製薬企業、化学企業、エネルギー会社も含まれています。そうした企業は種子を商品として売り出すことと合わせて、特許を持つさまざまな農薬を売ってさらなる資本の蓄積を可能にするため、特定の農薬に耐性を持った遺伝子組み換え種子の開発も行っています。

分離育種法による種子の品種改良にF1の種子開発と同じだけの時間とお金をかけたなら、F1の種子と同じくらいの収量が得られる品種を開発できていただろうという科学者もいます。分離育種法とは、集団栽培したもののなかから優良な形質を持ったものを何世代にもわたって選抜していく品種改良の手法で、古くから農民自身の手によって行われてきた方法です。もしも私たちがそちらの道を選択していたなら、種子はいまだ農家の手の内にあったでしょうし、種子が企業の資本を増大させるための商品になることもなかったでしょう。そして大企業にどんどん資本が集中していくのとはまったく反対のことが起こっていたはずです。

その結果として政治・経済は今とはまったく違ったものになっていたでしょう。しかし実際のところ民間の種子会社は、公的機関が行ってきた基礎研究や農民が長い時間をかけて改良してきた種子の遺伝資源をもとに農家に種子採りの意欲を失わせるF1の種子を開発し、自らが知的所有権を握るかたちでその種子を経済を活性化させる商品としてきたのです。種子会社がさらなる資本の蓄積を行うために克服すべき最後の障壁は、世界の主要な作物の原産地に存在する遺伝資源（種子）に対して法的な入手権限を得ること、そして開発途上国に現れつつある大きな種子市場への法的な参入手段を得ることです。

これまで、種子市場の形成や遺伝資源へのアクセスは国際農業研究協議グループ（CGIAR）が担ってきました。この組織はメキシコや南米において、ロックフェラー財団やフォード財団が提供する資金を元に「緑の革命」の主役である高収量品種を作り出すと同時に、原産地にある遺伝資源を収集してきました。

種子は「人類の共有財産」

育種を行う先進国の研究者たちは一九五〇年代から、遺伝的多様性が失われつつあることと自国の農業が発展するためには原産地の遺伝資源を収集することが急務であることに気づいていました。一九七〇年代になると、CGIARの支援を受けた国際生物多様性センター（IBPGR、本部・イタリア）および国連食糧農業機関（ＦＡＯ）が遺伝資源の収集に乗り出します。遺伝資源である種子は、原産地の農民たちがあまねく「人類の共有財産」だと信じていたものでした。集められた多様な遺伝資源は先進国の種子バンクに納められ、民間企業はその遺伝子を使って高収量品種を開発し、それを国際援助の仕組みを通して途上国に普及しました。このことによって、それらの国々では遺伝的多様性の喪失が加速しました。

原産地の人々は当然のごとく憤慨し、先進国にこれ以上の遺伝資源を分け与えることに反発するようになりました。しかし先進国はその声に耳を傾けることなく遺伝資源を奪い続けているため、途上国からは「遺伝子泥棒」「遺伝子海賊」などと非難されています。

アメリカなどの農業大国であっても、多様な遺伝資源を持つ原産地から新たな遺伝資源を奪い続けることなしには農業を続けられないことは明白です。新しい病害虫や気候変動などに対応する種子をそのつど開発し続けるためには、常に新しい形質を持った遺伝資源が必要となるからです。「もしもアメリカがアメリカ国内にある遺伝資源だけに頼らざるを得なくなればすぐに農地は荒廃するだろう。その荒廃は急速に拡大し、穀倉地帯を飲み込んでしまうだろう」と専門家は見ています。

途上国からの非難が高まる中で先進国は、必死になって遺伝資源へのアクセスを保持しようとしています。そのための戦略のひとつとして、国際的な貿易協定の条文に種子に関わる内容を組み入れる方法があります。

貿易協定で保証する民間の知的所有権

アメリカが結ぶすべての貿易協定には、品種を開発した育種家に知的所有権を保証する条文が含まれています。この傾向は、日本をはじめ他の国々の貿易協定にも見られます。一九六一年につくられた「植物の新品種の保護に関する国際条約（ＵＰＯＶ条約）」は多くの貿易協定に組み入れられ、育種家の権利を保障することにおいて大きな役割を担ってきました。

日本は一九七八年にこの条約に加盟し、九一年に育種家のさらなる権利強化を目指して改訂されたＵＰＯＶ条約にも批准しています。ウェブサイトを見ると、締約国の使命は、「社会に利益をもたらすような作物の新品種を開発することを目的とし、その品種を保護する効果的な仕組みを提供し促進すること」とあります。

発足してしばらくの間は加盟しようという国は少なかったのですが、一九九〇年代に入って種子会社の合併が盛んになると急速に加盟国が増えていきました。農家が主体となって運営する国際NGO団体「GRAIN（グレイン）」の分析によれば、この条約によって、種子の交換さえ規制の対象になりかねないそうです。

加盟国が増えるにつれ、この条約は農家が種子採りをしたりその種子を播いて育てたりすることをも禁止するものだと理解され、その理解に基づいて加盟国の国内法が整備されるようになってきています。そうした国では農家が無断で種子を採取することやその種子を播くことはもちろん、他の農家から種子をもらうことすらできなくなっています。たとえばドミニカ共和国ではこの条約に基づいて国内法が整備された結果、農家が罰金を科されるだけでなく、収穫物や使っていた農業機械が没収されたり、犯罪者として刑務所に入れられたりするケースも出ています。ドミニカでは、企業が所有権を持つ種子を使う場合、農家は政府に登録をせねばならず、それを怠った農家は一時的、あるいは永久に農業ができなくなってしまうのです。カンボジアでは、軍隊が農家や種子保存協会を捜査して彼らがつないできた種子を没収することを法律で許可しています。まるで大企業に頼らず農家が自立して農業をすることが犯罪行為であるかのように扱われているのです。

「新しい品種」は企業が私物化

所有権が付与されたような種子を買ったこともないし使ってもいないから、「自分は大丈夫だ」と考える農家がいたら伝えたいことがあります。このUPOV条約では、種子会社が農家の土地から種子を取ってきて多少の品種改良を施し、ある一定の均質性を生み出したなら、それを「新しい品種」として私有化することが許されています。

種子会社にとって「新しい」とは、今まで市場になかったということを意味しています。たとえその品種が長年にわたって農家の間でやりとりされ続けてきた品種だったとしても、それが市場で販売されたことのない種子であれば、それは「新しい品種」として認定され、それを登録した企業が私有化することができるのです。

さらに「以前から知られている」とか「みんなが知っている」というのは、普通の人々や農民が知っているかどうかではなく、種子産業や種子の研究機関、知的財産にかかわる役人が知っているかどうかを意味します。ですから、農家の間ではよく知られている品種であっても、種子産業や当局が存在を認識しておらず誰かの「所有物」として登録されていないような種子は、企業に私有化されることがあるのです。このような法律のもとで無関係な農家は存在しません。この法から逃れられる農家はいないのです。

日本政府がマレーシア、インドネシア、フィリピン、タ

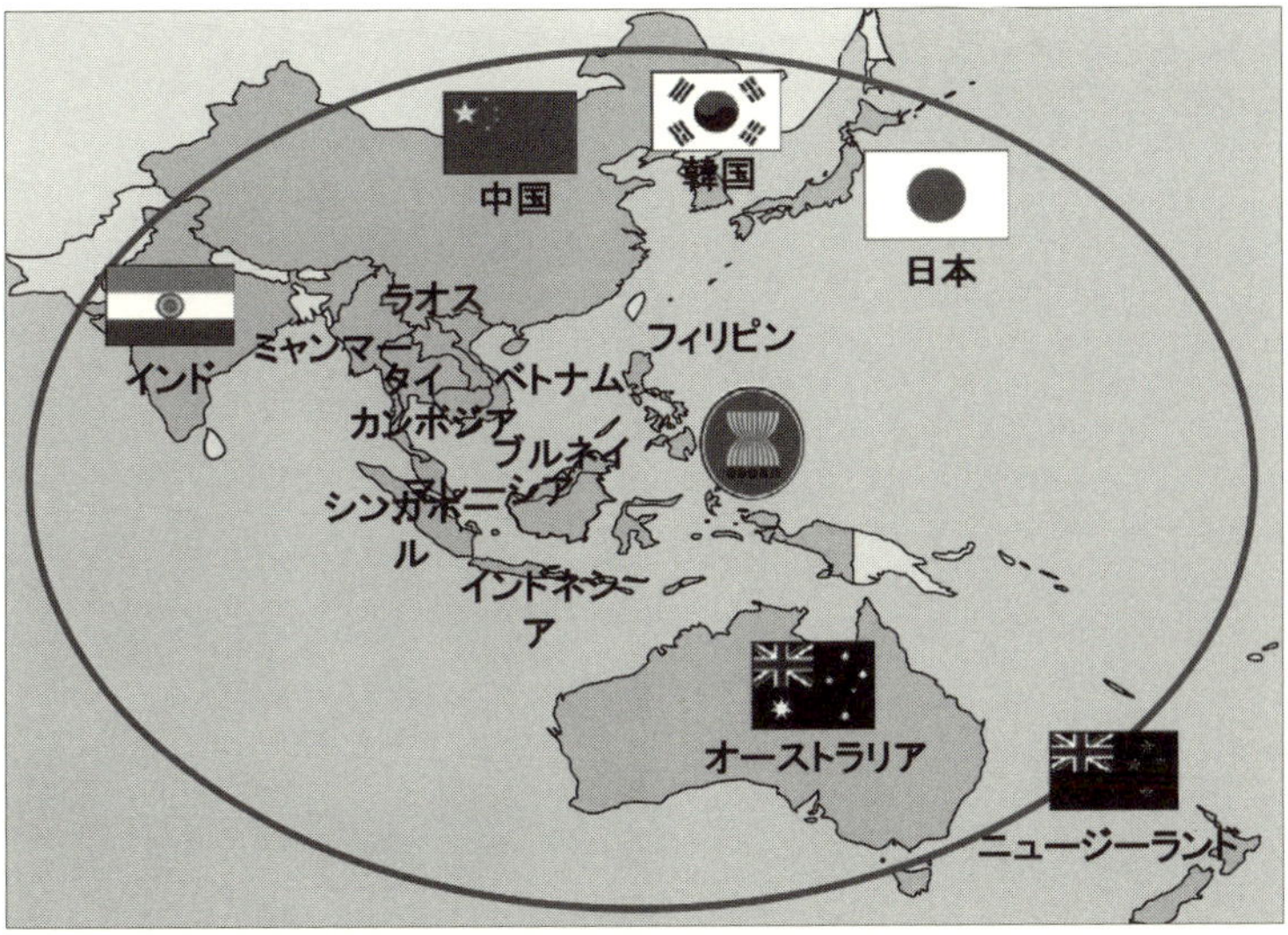

図１　東アジア地域包括的経済連携（RCEP）の交渉参加国（外務省HPより）

イ、ベトナムと結んでいる経済連携協定（EPA）にはこのUPOV条約が含まれています。そして日本の大手種子会社「タキイ種苗」や「サカタのタネ」はこれらの東南アジアの国々でこれから販売網を広げようとしています。

種子会社の権利と利益を保障するために、公益社団法人「農林水産・食品産業技術振興協会」とJICAは、アジアの国々で、アジアの育種家に向けてUPOV条約に基づいて植物品種保護（PVP）を進めるためのワークショップを開いています。同協会は同時に、育種研究者たちがそれらの国々で新しい品種として登録できるような珍しい作物を特定することを奨励しています。たとえそれがすでに自然界に存在し続けていた品種であったり農家の土地で見出されたものであったりしてもです。

新たな品種として登録されてしまえば、それ以後は植物品種を保護する法律のもとで育種家のその品種に対する所有権が守られることになります。民間の種子会社は、品種を登録したり特許を取ったりすることで、その品種の種子を自分たちの商品として販売し続け、利益を確かなものにできることをよく知っています。

私はこれを最初に知った時、まるで念入りに組織立って作られた強盗団ではないかと感じました。しかし、より多くの利益を株主に分配することを目指す民間企業にとって

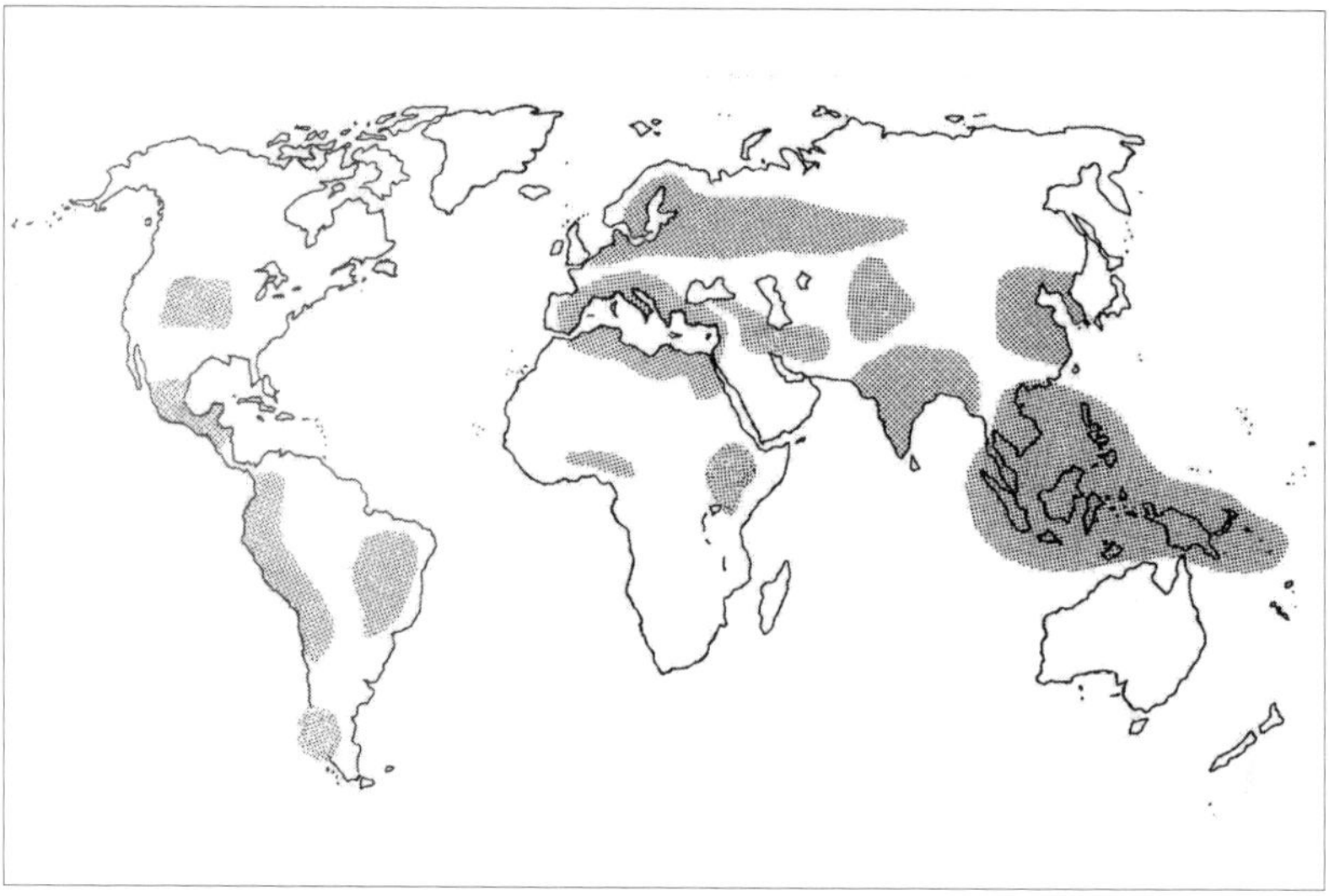

図2　世界の作物の発祥地の分布図（ジャック・クロッペンバーグ著『はじめに種子ありき』より）

はこれが当然の行いなのだと思い直しました。そのために企業は法律や規制を必要に応じて変えていったのです。

日本の種子会社も貿易協定で海外展開

日本で種子法廃止が決まったのは、日本政府が東アジア地域包括的経済連携（RCEP）に向けて交渉を進めていた時期と重なります。RCEPは、東南アジア諸国連合（ASEAN）と日本、中国、韓国、インド、オーストラリア、ニュージーランドの一六カ国が参加する広域的な自由貿易協定で、UPOV条約もこの連携協定のなかに含まれています。この協定の交渉参加国（図1）には世界の半数の農家が存在すると言われており、その八割は自家採種した種子で農業をしています。

この地域が同時に多くの作物の原産地であることは、一九二〇年代にロシアの科学者ニコライ・ヴァヴィロフ氏が発表した通りです（図2）。私は、日本の種子会社がこれら作物の原産地での遺伝資源へのアクセスを維持しながら種子の販売を広げるいっぽう、日本国内の種子産業は種子法のもと公的機関で守っていくという矛盾への批判が、種子法廃止の背景にあったのではないかと考えています。実際、タキイ種苗はこれらの国々ですでに支社を置き営業を展開しています（図3）。

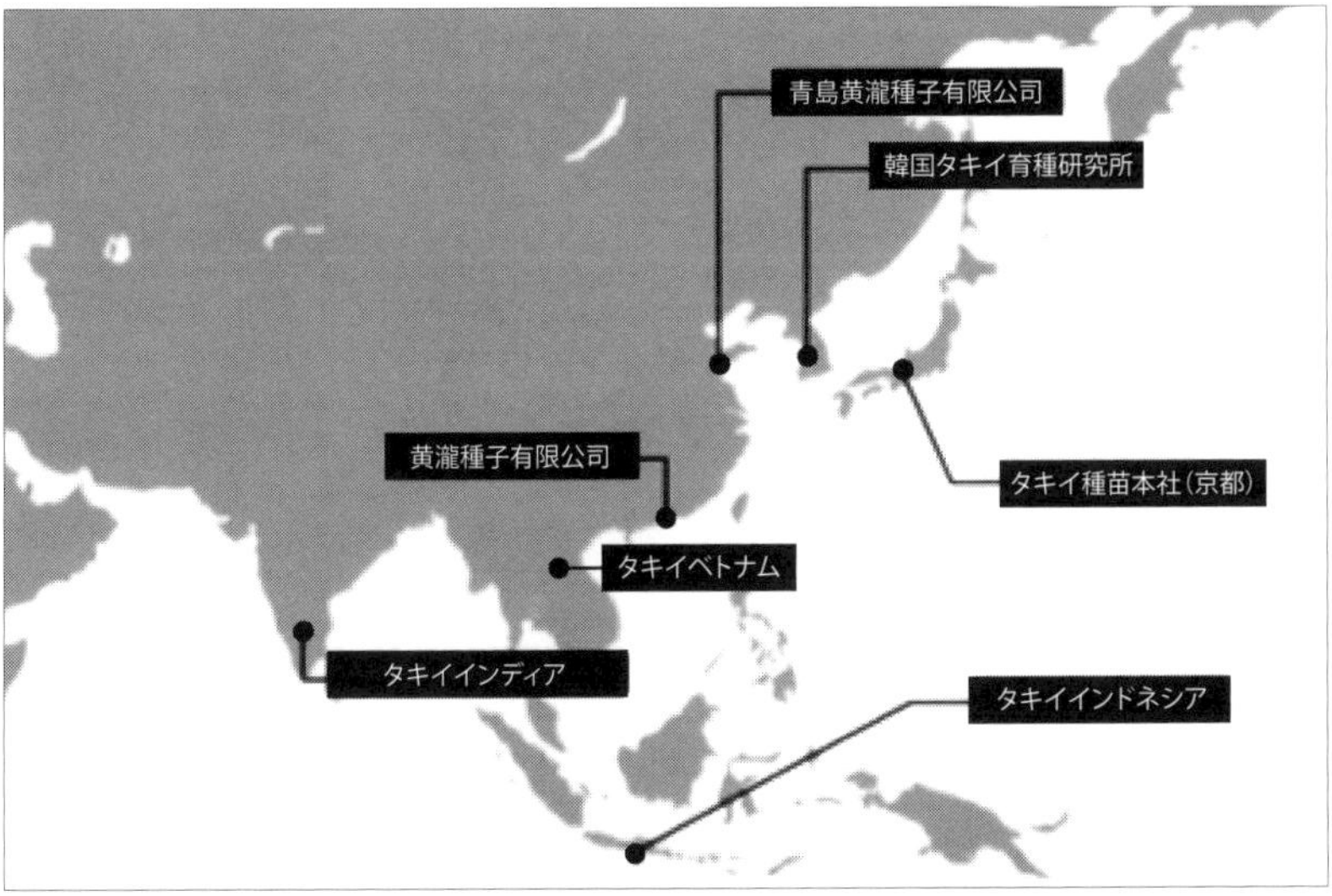

図3　RCEPにあるタキイ種苗の拠点(同社HPより改変)

無視され続けてきたムーニー氏の提案

一九七〇年代に世界の遺伝的多様性が危機的状況にあることを広く知らしめたパット・ムーニー氏は一九八三年に出版した『種子の法』の中で、農家がいかにしてその手に種子の権利を持ち続けるか、そして私たちの主要な農作物の遺伝的多様性を保っていくかについて述べています。

八〇年代といえば、ちょうど遺伝子組み換え作物が世に出ようとする頃、巨大多国籍企業が種子会社として台頭してきた頃でした。この著作のなかでは、個々人のレベルで取り組めることと、公的機関のレベルで取り組まなければならないことの両方が書かれています。

ムーニー氏は著作の中で次のように述べています。何よりまず必要なことは、遺伝資源である種子の大切さを多くの人たちに知ってもらうこと。次に種子を保全するために国の関係機関や国連が管理する国際的な遺伝子バンクをより強化すること。遺伝資源が「人類の共有財産」であると認識すること。国際的な条約で遺伝資源をしっかりと記録・保存しすべての人たちが自由に使えるよう明文化すること。原産地からすでに遺伝資源が持ち去られてしまった地域には複製したものを戻すこと。国際農業研究協議グループは種子会社の圧力に屈せず、地域の気候風土に適した品種の開発に力を注ぐこと。世界で起きている種子会社の吸収合併の動きを注視していく必要があること。公的であれ民間であれ、育種開発者は新たな品種を世に出す時にその品種が環境にどんなインパクトを与えるのか、特に遺伝的多様性の喪失につながらないかどうかについて検証することを義務付けること。種子産業に農薬会社の参加を許さず、種子に関わる法律は彼らを除いて制定すべきだということ。最後に食糧システムを維持する最善の方法として、公的な育種開発（基礎研究も品種の開発も）に相当な予算を割くことを政府に求めていくこと。

以上のムーニー氏の提案は、この三五年間無視され続けたと言えるでしょう。種子会社は吸収合併し続け、民間企業で品種を開発する育種家の権利は広がり、公的育種は消えようとしています。しかし私たちは、種子を採ることを犯罪であるかのように扱う法律に立ち向かわなくてはなりません。このような法律が正義であるとは思えません。

農家の主権を取り戻すために

日本で公的機関が育種を続けていくために何ができるでしょうか。私は日本中の各地域で育種家と農家が新たな連携を築き、協力して品種改良に取り組むことを提案します。そして種子購入の領収書がないと助成金額が減らされるような農家の自家採種を妨げる制度は廃止するべきです。

資本の蓄積を優先するのか公共の利益を優先するのか、この二つのせめぎ合いの中から、資本を持つ者たちが育種とそこから作り上げた品種を私有化していく方向にシフトしているのが現状です。育種を民間で行うのか、公的機関で行うのかの分かれ目に私たちはいるのです。

公的機関で行う育種は、農家が手にしやすい価格であるか、風土に適し病害虫に対する抵抗性を持っているかを軸に行います。一方で民間の育種は、資本の蓄積をいかに増やすかを軸にＦ１種といった一代交配や遺伝子組み換え種子のような再生産できない品種を、育種家の権利を守る法律を整備しながら作り上げていきます。

種子会社が巨大多国籍企業となって権力と支配を強めていることに警鐘を鳴らし、農家が主権を取り戻すために世界の人々と連帯していきましょう。市民の意思が反映された法律は自然と生まれるものでもなければ天から降ってくるものでもないのです。企業の資本蓄積を保証するためにこの国の法律が変えられるのはあまりにも残念なことではありませんか。食物連鎖の最初の輪である種子、その大切な存在が危機に直面しているこの時に、本稿が幅広い議論のきっかけになることを願っています。

あとがき

種子は私たち人類が誕生するずっと前からこの地球に存在していました。暑さや寒さ、高地や低地といったさまざまな自然環境に適応しながら、種子はその命をつなぎ、次世代に子孫を残してきました。

日本政府は「戦略物資である種子・種苗については、国は、国家戦略・知的戦略として、民間活力を最大限に活用した開発・供給体制を構築する」と言います。これが政府の種子に対する考え方です。確かに世界を見渡すと、「種子を制する者が世界を制する」と言わんばかりに、巨大多国籍企業がしのぎを削って種子の囲い込みに躍起になっています。種子・種苗を戦略物資と位置付ける政府は、この世界で繰り広げられている食料の争奪戦に加わろうというものです。立ち止まって考えれば、種子や種苗は戦略物資である前に、私たちの命を育む大事な遺伝資源のはずです。人類はその種子を使って、生活している土地に合った作物にしようと改良を繰り返し、よりよい農産物を作り続けてきました。よい種があれば、地域を越えて交換もしてきました。ですから種は、戦略物資である前に私たち人類の共有の財産なのです。

その種子を、企業は自らの所有物にしようと「生物特許」という新しい権利をひねり出して囲い込みを始めました。種子は人類が生きていく上で、なくてはならない必要不可欠な遺伝資源です。企業はそこに目をつけて「戦略物資」として種子に特許を取れるようにし、利益を得られる仕組みをつくったのです。

しかし、企業は種子そのものをつくり出せません。なぜなら種子は命そのものだからです。種子は、自然界の中でその命をずっとつないできました。今ここにある種子も次世代、さらに次の世代と命をつないでいくのです。それは私たち人類と同じです。その命を企業が囲い込み、「戦略物資」として取り扱ってよいのでしょうか。

日本には昔、何千種類もの稲があったそうですが、今は三〇〇種ほどまで減っています。民間企業が利益にならないと判断すれば、その種類はさらに減っていくでしょう。将来、私たちが経験しないような気候変動などが起きれば、今ある種子はその気候に対応できなくなる可能性もあります。その時必要なのは多種多様な種子の存在なのです。その多様な種子の中から厳しい環境に対応できる種子が生まれてくるのです。

私たち人類は種子を改良することはできますが、つくり出すことはできません。その種子を失うと二度とその命を次世代につないでいくことはできません。多様な種子を守っていくためにも、「種子はだれのものか」を皆さんと一緒に考えていきたいと思っています。

最後に校正作業を手伝ってくれました増井潤一郎さん、出版の機会を与えてくれました寿郎社の土肥寿郎社長に深くお礼申しあげます。

二〇一八年三月一日　安川誠二

二刷への追記　種子法廃止をきっかけに、主要作物種子法という法律の意義と種子そのものへの市民の関心が高まりつつあります。そうしたなかで本書の執筆者の一部と道民有志による、種子について自ら考え、行動する「北海道たねの会」を六月一五日に立ち上げました。従来のように国が予算をつけて北海道が責任を持って優良な種子の安定的な生産と普及を続けていくことを行政などに求めていきます（「北海道たねの会」の資料などをご希望の方は本書に挟み込まれている読者カードに氏名・連絡先とともに「北海道たねの会の資料希望」とご記入のうえ投函してください）。多くの方々と一緒に活動していければと願っています。

（二〇一八年六月三〇日）

初出一覧

1　いのちは誰のもの？――種子法廃止が与える農家への影響　荒谷明子

全国で唯一の私立農業高校の愛農学園農業高等学校（三重県）を設立した全国愛農会の機関紙『愛農』二〇一七年八月号の寄稿文を転載した。

2　種がつなぐ、人と地域と自然と　伊達寛記

ファーム伊達家の会員向け会報『ようこそ畑へ』に二〇一五年から一七年までに執筆したコラム、同人誌『人』八号（二〇一二年二月）に掲載されたインタビューなどを基に構成した。

3　人をつなぐ、命をつなぐ「ひとりCSA」　ミリケン恵子

〝地域とつなぐ、持続可能な暮らしを目指すミニコミ紙『おむすび』〟を精力的に発行しているミリケン恵子の書き下ろし。

4　種子法が果たしてきた役割と廃止後の課題　田中義則

ＮＰＯ法人「北海道食の自給ネットワーク」が二〇一七年一一月、札幌市内で開いた種子法廃止を考える学習会での講演内容を基に編者安川が加筆・修正した。

5　種子法はなぜ廃止されたのか　安川誠二

札幌市白石区で有機野菜店を営む「アンの店」が二〇一八年一月、札幌市で開いた生産者交流会での講演内容を基に作成した。

6　多国籍企業が世界で進める種子支配　久田徳二

時事通信社発行『地方行政』１０７８５号（二〇一八年二月一九日付）に掲載された記事「ＴＰＰと地方自治　規制緩和で『公共』崩し民営化」を一部修正して転載した。

7　種子法廃止と遺伝子組み換え作物　冨塚とも子

小樽市内の「妙見ゼミナール」が二〇一七年八月に開いた勉強会「なぜ日本人は世界で一番ＧＭ食品を食べているのか」の講演内容とレジュメを基に作成した。

8　種子法廃止とゲノム編集　天笠啓祐

生活クラブ生協北海道などでつくる「食の問題を考える会」が二〇一七年一一月に札幌市内で開いた「新たな遺伝子操作技術『ゲノム編集』とは？」の講演内容を基に作成した。

9　命を支える「食の経済」をつくろう　エップ・レイモンド

全国愛農会の機関紙『愛農』の二〇一六年一二月号と一七年一月号に掲載された講演内容を基に作成した。

10　ローカリゼーションが人々を幸せにする　ヘレナ・ノーバーグ＝ホッジ

市民団体「ＴＰＰを考える市民の会」が二〇一六年一〇月に札幌市内で開いた講演内容をまとめた。

補遺　種子《たね》は人類共有の財産？　それとも企業の所有物？　エップ・レイモンド

書き下ろしの英文を翻訳した。

種子法廃止《しゅしほうはいし》と北海道《ほっかいどう》の食《しょく》と農《のう》　地域《ちいき》で支《ささ》え合《あ》う農業《のうぎょう》——CSA《しーえすえー》の可能性《かのうせい》

発　行　2018 年 3 月 31 日　初版第 1 刷
　　　　2018 年 6 月 30 日　初版第 2 刷

著　者　荒谷明子　伊達寛記　ミリケン恵子　田中義則
　　　　安川誠二　久田徳二　富塚とも子　天笠啓祐
　　　　エップ・レイモンド　ヘレナ・ノーバーグ＝ホッジ

発行者　土肥寿郎

発行所　有限会社 寿郎社
　　　　〒 060-0807 札幌市北区北 7 条西 2 丁目 37 山京ビル
　　　　電話 011-708-8565　FAX 011-708-8566
　　　　e-mail doi@jurousha.com　URL http://www.ju-rousha.com

編　集　安川誠二

印刷・製本　モリモト印刷株式会社

ISBN 978-4-909281-10-4　C0061